中国特色高水平高职学校项目建设成果
人才培养高地建设子项目改革系列教材

二维动画设计与制作

明丽宏　杨兆辉◎主　编
张　蕊◎副主编
郑智文◎主　审

内 容 简 介

本书根据二维动画职业能力培养要求，以工学结合为切入点，以二维动漫企业项目为载体，融入二维动画师职业资格考试内容，打破传统教材的体例框架，以"项目导向、任务驱动"为主线完成二维动画创作。将软件的强大功能及项目领域知识贯穿于项目创作过程始终，使读者可以三位一体地将软件知识、项目领域知识与项目创作紧密结合。

全书主要内容包括"电子贺卡制作""宣传广告制作""电子相册制作""MV 制作""动画测试与发布"5 个项目和 10 个典型工作任务，便于教师进行一体化教学。

本书适合作为职业院校及各类计算机培训单位的教材，同时也适合作为二维动画创作爱好者及二维动画设计人员的参考书。

图书在版编目（CIP）数据

二维动画设计与制作 / 明丽宏，杨兆辉主编．—北京：中国铁道出版社有限公司，2022.2

中国特色高水平高职学校项目建设成果　人才培养高地建设子项目改革系列教材

ISBN 978-7-113-28814-3

Ⅰ.①二… Ⅱ.①明…②杨… Ⅲ.①二维-动画-设计-高等职业教育-教材②二维-动画-制作-高等职业教育-教材　Ⅳ.① TP391.41

中国版本图书馆 CIP 数据核字（2022）第 013063 号

书　　名：	二维动画设计与制作
作　　者：	明丽宏　杨兆辉

策　　划：	祁　云	编辑部电话：	（010）63549458
责任编辑：	祁　云　包　宁		
封面设计：	郑春鹏		
责任校对：	孙　玫		
责任印制：	樊启鹏		

出版发行：	中国铁道出版社有限公司（100054，北京市西城区右安门西街 8 号）
网　　址：	http://www.tdpress.com/51eds
印　　刷：	三河市宏盛印务有限公司
版　　次：	2022 年 2 月第 1 版　2022 年 2 月第 1 次印刷
开　　本：	850 mm×1 168 mm　1/16　印张：8　字数：193 千
书　　号：	ISBN 978-7-113-28814-3
定　　价：	26.00 元

版权所有　侵权必究

凡购买铁道版图书，如有印制质量问题，请与本社教材图书营销部联系调换。电话：（010）63550836
打击盗版举报电话：（010）63549461

中国特色高水平高职学校项目建设系列教材编审委员会

顾　问：刘　申　哈尔滨职业技术学院党委书记、院长
主　任：孙百鸣　哈尔滨职业技术学院副院长
副主任：金　淼　哈尔滨职业技术学院宣传（统战）部部长
　　　　杜丽萍　哈尔滨职业技术学院教务处处长
　　　　徐翠娟　哈尔滨职业技术学院电子与信息工程学院院长
委　员：黄明琪　哈尔滨职业技术学院马克思主义学院院长
　　　　栾　强　哈尔滨职业技术学院艺术与设计学院院长
　　　　彭　彤　哈尔滨职业技术学院公共基础教学部主任
　　　　单　林　哈尔滨职业技术学院医学院院长
　　　　王天成　哈尔滨职业技术学院建筑工程与应急管理学院院长
　　　　于星胜　哈尔滨职业技术学院汽车学院院长
　　　　雍丽英　哈尔滨职业技术学院机电工程学院院长
　　　　张明明　哈尔滨职业技术学院现代服务学院院长
　　　　朱　丹　中嘉城建设计有限公司董事长、总经理
　　　　陆春阳　全国电子商务职业教育教学指导委员会常务副主任
　　　　赵爱民　哈尔滨电机厂有限责任公司人力资源部培训主任
　　　　刘艳华　哈尔滨职业技术学院汽车学院党总支书记
　　　　谢吉龙　哈尔滨职业技术学院机电工程学院党总支书记
　　　　李　敏　哈尔滨职业技术学院机电工程学院教学总管
　　　　王永强　哈尔滨职业技术学院电子与信息工程学院教学总管
　　　　张　宇　哈尔滨职业技术学院高建办教学总管

序

中国特色高水平高职学校和专业建设计划（简称"双高计划"）是我国为建设一批引领改革、支撑发展、中国特色、世界水平的高等职业学校和骨干专业（群）的重大决策建设工程。哈尔滨职业技术学院入选"双高计划"建设单位，对学院中国特色高水平学校建设进行顶层设计，编制了站位高端、理念领先的建设方案和任务书并扎实开展了人才培养高地、特色专业群、高水平师资队伍与校企合作等项目建设，借鉴国际先进的教育教学理念，开发中国特色、国际水准的专业标准与规范，深入推动"三教改革"，组建模块化教学创新团队，实施"课程思政"，开展"课堂革命"，校企双元开发活页式、工作手册式、新形态教材。为适应智能时代先进教学手段应用，学校加大优质在线资源的建设，丰富教材的信息化载体，为开发工作过程为导向的优质特色教材奠定基础。

按照教育部印发的《职业院校教材管理办法》要求，教材编写总体思路是：依据学校双高建设方案中教材建设规划、国家相关专业教学标准、专业相关职业标准及职业技能等级标准，服务学生成长成才和就业创业，以立德树人为根本任务，融入课程思政，对接相关产业发展需求，将企业应用的新技术、新工艺和新规范融入教材之中。教材编写遵循技术技能人才成长规律和学生认知特点，适应相关专业人才培养模式创新和课程体系优化的需要，注重以真实生产项目、典型工作任务及典型工作案例等为载体开发教材内容体系，实现理论与实践有机融合。

本套教材是哈尔滨职业技术学院中国特色高水平高职学校项目建设的重要成果之一，也是哈尔滨职业技术学院教材建设和教法改革成效的集中体现，教材体例新颖，具有以下特色：

第一，教材研发团队组建创新。按照学校教材建设统一要求，遴选教学经验丰富、课程改革成效突出的专业教师任主编，选取了行业内具有一定知名度的企业作为联合建设单位，形成了一支学校、行业、企业和教育领域高水平专业人才参与的开发团队，共同参与教材编写。

第二，教材内容整体构建创新。精准对接国家专业教学标准、职业标准、职业技能等级标准确定教材内容体系，参照行业企业标准，有机融入新技术、新工艺、新规范，构建基于职业岗位工作需要的体现真实工作任务、流程的内容体系。

第三，教材编写模式形式创新。与课程改革相配套，按照"工作过程系统化""项目+任务式""任务驱动式""CDIO式"四类课程改革需要设计四大教材编写模式，创新新形态、活页式及工作手册式教材三大编写形式。

第四，教材编写实施载体创新。依据本专业教学标准和人才培养方案要求，在深入企业调研、岗位工作任务和职业能力分析基础上，按照"做中学、做中教"的编写思路，以企业典型工作任务为载体进行教学内容设计，将企业真实工作任务、真实业务流程、真实生产过程纳入教材之中，并开发了教学内容配套的教学资源，满足教师线上线下混合式教学的需要，本套教材配套资源同时在相关平台上线，可随时下载相应资源，满足学生在线自主学习课程的需要。

第五，教材评价体系构建创新。从培养学生良好的职业道德和综合职业能力与创新创业能力出发，设计并构建评价体系，注重过程考核和学生、教师、企业等参与的多元评价，在学生技能评价上借助社会评价组织的1+X考核评价标准和成绩认定结果进行学分认定，每种教材均根据专业特点设计了综合评价标准。

为确保教材质量，学院组成了中国特色高水平高职学校项目建设系列教材编审委员会，教材编审委员会由职业教育专家和企业技术专家组成，同时聘用企业技术专家指导。学校组织了专业与课程专题研究组，对教材持续进行培训、指导、回访等跟踪服务，有常态化质量监控机制，能够为修订完善教材提供稳定支持，确保教材的质量。

本套教材是在学校骨干院校教材建设的基础上，经过几轮修订，融入课程思政内容和课堂革命理念，既具积累之深厚，又具改革之创新，凝聚了校企合作编写团队的集体智慧。本套教材的出版，充分展示了课程改革成果，为更好地推进中国特色高水平高职学校项目建设做出积极贡献！

哈尔滨职业技术学院
中国特色高水平高职学校项目建设系列教材编审委员会
2021年8月

前言

本书以教育部提出的"实现专业与产业、职业岗位对接，专业课程内容与职业标准对接，教学过程与生产过程对接，学历证书与职业资格对接，职业教育与终身学习对接"的原则，校企合作共同构建了二维动画设计与制作课程体系。全书由简单到复杂，由单一到综合，设置了5个项目和10个典型工作任务，并提供相应的5个项目实训，帮助学生融会贯通所学内容。

本书主要特色如下：

（1）按照高职高专教育"以服务为宗旨，以就业为导向，注重实践能力培养"的原则，重新构建项目导向、任务驱动的教材体系，突出学生二维动画创作能力的培养，使岗、证、课深度融合，学生可考取高级二维动画师证书、高级创意设计师证书，提高二维动画创意创作能力。

（2）校企合作组建教材开发团队。由两名教授领队，由"双师素质"一线骨干教授、讲师及企业资深二维动画设计师共同组建教材开发团队，深入动漫企业调研，确定知识、能力、素质要求，校企合作开发教材，编写大纲和体例框架。

（3）工学结合开发教材内容体系。本书5个项目创作的内容框架为"项目导入+学习目标+项目实施+知识链接+项目总结+项目实训"，着重培养学生的综合职业能力。本书不仅提供了项目素材文件、项目效果文件、项目电子课件、项目实训及参考答案，还特别录制了微课及操作视频讲解，帮助读者举一反三、轻松驾驭并完成项目创作，能够真正成长为二维动画创作高手。

本书由哈尔滨职业技术学院明丽宏、杨兆辉任主编，由哈尔滨职业技术学院张蕊任副主编，由哈尔滨丙戌文化传媒有限公司郑智文主审。全书由明丽宏、杨兆辉、郑智文组织策划，由明丽宏、杨兆辉审阅定稿。其中，项目1、项目3由明丽宏编写，项目2、项目5由杨兆辉编写，项目4及参考答案（项目实训一、二、三）由张蕊编写；参考答案（项目实训四、五）由郑智文编写。本书在编写过程中得到学校、动漫企业及ACAA职业考核机构等各方面的支持，在此一并表示感谢！

编 者
2021年9月

目录

项目1 电子贺卡制作

任务一 新年贺卡制作 1
 任务解析 1
 — 知识链接 —
  一、传统文本的类型 2
  二、传统文本的输入 2
  三、设置文本属性 3
  四、编辑文本 4
 任务实施 6

任务二 教师节贺卡制作 16
 任务解析 16
 — 知识链接 —
  一、矩形工具和基本矩形工具 ... 17
  二、椭圆工具和基本椭圆工具 ... 17
  三、渐变变形工具 18
  四、任意变形工具 19
 任务实施 19

项目2 宣传广告制作

任务一 眼影广告制作 23
 任务解析 23
 — 知识链接 —
  一、创建图形元件 24
  二、创建按钮元件 24
  三、创建影片剪辑元件 25
 任务实施 26

任务二 钻戒广告制作 32
 任务解析 32
 — 知识链接 —
  一、声音的播放 33
  二、声音的效果 33
  三、编辑封套 34
  四、声音的同步方式 35
 任务实施 35

项目3 电子相册制作

任务一 风景相册制作 46
 任务解析 46
 — 知识链接 —
  一、图层的类型 47
  二、设置图层属性 47
  三、绘图纸外观 48
 任务实施 49

任务二 宝宝相册制作 54
 任务解析 54
 — 知识链接 —
  一、补间动画的属性设置 54
  二、遮罩层的创建 56
 任务实施 56

项目4 MV制作

任务一 蜗牛与黄鹂鸟MV制作 64
 任务解析 64
 — 知识链接 —
  一、变量 64
  二、鼠标事件 65
  三、关键帧事件 66
  四、影片剪辑事件 66

任务实施 67

任务二　英文歌曲 MV 制作......... 75

　　任务解析 75

　　- 知识链接 -
　　　一、自定义函数基础 75
　　　二、调用自定义函数 76
　　　三、条件语句的使用 76
　　　四、循环语句的使用 78

　　任务实施 78

项目 5　动画测试与发布

任务一　发布 HTML 网页.......... 88

　　任务解析 88

　　- 知识链接 -
　　　测试并优化 Flash 作品 89

　　任务实施 90

任务二　发布 JPEG 图像........... 91

　　任务解析 91

　　- 知识链接 -
　　　一、导出动画及图像格式 92
　　　二、发布设置 92
　　　三、发布为 Flash 文件 92
　　　四、发布为 HTML 文件 94
　　　五、发布为 GIF 文件 95
　　　六、发布为 JPEG 文件 96
　　　七、发布为 PNG 文件 96
　　　八、发布为 SVG 文件 97

　　任务实施 98

附录　项目实训参考 100

参考文献 117

项目 1
电子贺卡制作

项目导入

➤发送贺卡是现在人们寄托祝福、传递感情、互通信息的一种常见方式。在快节奏的今天,电子贺卡内容丰富、使用方便,能够全方位展示人们的所思所想,受到大众的青睐。

➤灵犀文化传媒有限公司接到电子贺卡创作订单,客户要求电子贺卡的文字色彩吸睛,充分起到画龙点睛的作用,动画节奏明快,画面节日气氛浓郁。

学习目标

1.掌握"文本工具"的使用方法及"属性"面板参数设定,学生能够完成文本动画创作。

2.掌握帧、"时间轴"面板及图层的使用方法,在教师的指导下学生能够完成场景动画创作,展现作品的创新性、高阶性与挑战性。

3.掌握元件的创建及使用技巧,学生能够独立完成影片剪辑元件、图形元件的动画制作,充分体现元件动画创作的主动性、积极性、创新性。

4.掌握传统补间动画的创作方法及使用技巧,学生能够完成动画创作。

5.掌握"动作"面板的使用方法,学生能够编辑脚本语言,完成动画的交互控制。

6.掌握动画的测试方法,学生在教师的指导下,能够充分发挥团队合作精神与应变能力,完成动画测试并成功播放。

项目实施

任务一　新年贺卡制作

任务解析

根据给定的素材,完成节日氛围浓郁,具有强烈的视觉冲击力的新年贺卡创作,使学生掌握"文本工具"的使用方法，完成文案创作；掌握传统补间动画、脚本语言的创作方法与技巧，完成场景动画创作；学会用图形元件及影片剪辑元件创作动画，最终提交*.fla动画文件，达到以下视频文件所示效果。

动　画

新年贺卡

一、传统文本的类型

"文本工具"可以为动画创建不同类型和不同用途的文本对象。在Animate CC中，用户可以创建3种类型的传统文本，分别是"静态文本""动态文本""输入文本"，文本舞台效果和属性设置如图1-1所示。

图1-1　文本舞台效果和属性设置

静态文本：默认状态下创建的文本对象均为静态文本，它在影片的播放过程中不会进行动态改变，因此常被用作说明文字。

动态文本：动态文本是指该文本对象中的内容可以动态改变，甚至可以随着影片的播放自动更新。

输入文本：输入文本是指该文本对象在影片的播放过程中可以输入表单或调查表的文本等信息，用于在用户与动画之间产生交互，如QQ登录窗口。

二、传统文本的输入

传统的文本输入有两种方式：

（1）选择"文本工具"，在舞台中单击，出现文本输入光标，直接输入文字即可。在这种输入方式中文本是不限制宽度的，文字的宽度可以超出舞台。这种输入方式的文本框右上角有个"圆形控制点"，如图1-2所示。

图1-2　在舞台直接输入的文本效果

（2）用鼠标在舞台中向右下角方向拖动出一个文本框，松开鼠标，出现文本输入光标，就可以在文本框中输入文字了。在这种输入方式中是限定文本框宽度的。如果输入的文字较多，会自动转到下一行显示。这种输入方式的文本框右上角有个"方形控制点"，可以拖动控制点改变文本框的大小，如图1-3所示。

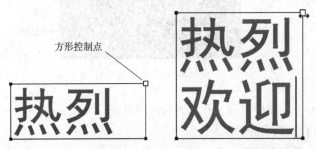

图1-3　在舞台拖动文本框输入的文本效果

三、设置文本属性

输入文字后，往往需要设置文本的一些属性，如大小、颜色、字体等，以使其符合动画设计的要求。文本的"属性"面板如图1-4所示。

1. 设置文本的位置和大小

选中文本后，在"属性"面板中可以设置文本的位置和大小，其中（X，Y）设置的是文本左上顶角的坐标值，文本的高度是固定的。舞台左上顶角的坐标为（0，0），X坐标轴的方向是向右，Y坐标轴的方向是向下。

2. 设置文本的字体样式

由于存在版权问题，用户应尽量使用常用的字体，以免对以后动画的发布产生影响，Animate CC提供的字体样式如图1-5所示。

图1-4　文本的"属性"面板

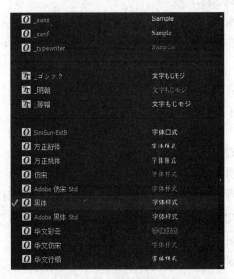

图1-5　文本"字体样式"

3. 设置文本的段落

段落的设置包括对齐、间距、边距等，如图1-6所示。

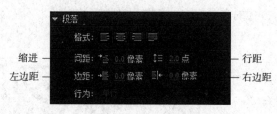

图1-6　文本段落设置

（1）对齐包括左对齐、居中对齐、右对齐和两端对齐。
（2）间距包括首行缩进和行间距。
（3）边距包括左边距和右边距。
（4）多行是"动态文本"和"输入文本"类型的属性。设置文本是"单行""多行"或"多行不换行"等。

4. 设置文本的选项

可以将类型为静态文本或动态文本的文本字段设置URL链接，而输入文本类型的文本字段则不能进行该项设置。

（1）对于静态文本，直接在"链接"文本框中输入要链接到的URL即可。
（2）对于动态文本，首先在"属性"面板中选中"将文本呈现为HTML"复选框，激活下面的URL链接，然后输入要链接到的URL即可。

四、编辑文本

文本的编辑包括文本的选择、剪切、复制、粘贴、分离、组合、填充、变形、删除等。

1. 文本的选择

（1）选择"选择工具"，单击文本。文本被选定后周围出现一个蓝色边框，如图1-7所示。
（2）选择"文本工具"，单击文本，拖动鼠标选中文本，如图1-8所示。

图1-7　单击　　　图1-8　拖选

2. 文本的编辑

（1）剪切有三种方法，分别是：
• 在选中的文本上右击，在弹出的快捷菜单中选择"剪切"命令。
• 选择"编辑"｜"剪切"命令。
• 按【Ctrl+X】组合键。

（2）复制有四种方法，分别是：
• 在选中的文本上右击，在弹出的快捷菜单中选择"复制"命令。

- 选择"编辑"|"复制"命令。
- 在移动对象的过程中,按住【Alt】键拖动,此时光标变为+形状,可以拖动并复制该对象。
- 按【Ctrl+C】组合键。

(3)粘贴比前两个操作复杂一些,因为涉及粘贴选项。
- 在选中的文本上右击,在弹出的快捷菜单中选择"粘贴"命令。
- 选择"编辑"|"粘贴"命令。
- 按【Ctrl+V】组合键。

"编辑"|"粘贴到当前位置"命令跟前三种方法不一样,前三种是"粘贴到中心位置",这是图层间复制对象非常方便的方式,不仅能复制对象,还能保证对象在同一位置。

3. 文本的分离和组合

分离:使用一次分离命令可以将文本拆成若干个单字,把单字分离就将文本打散成一个个的像素点。具体的操作方法是,选中所需分离的文本,选择"修改"|"分离"命令或按【Ctrl+B】组合键即可,如图1-9所示。

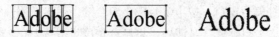

图1-9 原文字、一次分离、二次分离

组合:从舞台中选择需要组合的文本,然后选择"修改"|"组合"命令或按【Ctrl+G】组合键,即可组合对象,如图1-10所示。

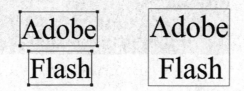

图1-10 组合前和组合后

4. 文本的颜色填充

选中文本,按两次【Ctrl+B】组合键,将文字打散。单击浮动面板上的"颜色"面板按钮,或执行"窗口"|"颜色"命令打开"颜色"面板。在"类型"选项中选择4种不同类型的颜色填充方式。以下分别是"纯色""线性渐变""径向渐变"和"位图填充"4种填充方式的文本,如图1-11所示。

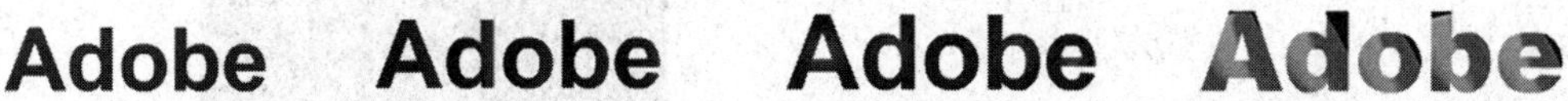

图1-11 文本的填充类型

5. 文本的变形

在将文本分离为位图后,可以非常方便地改变文字的形状。要改变分离后文本的形状,可以使用工具箱中的"选择工具"或"部分选取工具"等,对其进行各种变形操作。选择"修改"|"变形"|"封套"命令,在文字的周围出现控制点,拖动控制点,改变文字的形状,几种常见的变形文

字如图1-12所示。

Adobe Adobe Adobe Adobe

图1-12　文本的变形

6. 文本的删除

选中要删除的文本，按下【Delete】或【Backspace】键。

选中要删除的文本，选择"编辑"｜"清除"命令。

选中要删除的文本，选择"编辑"｜"剪切"命令。

右击要删除的文本，在弹出的快捷菜单中选择"剪切"命令。

任务实施

1. 导入图片

（1）选择"文件"｜"新建"命令，在弹出的"新建文档"对话框中选择ActionScript 3.0，单击"确定"按钮，进入新建文档舞台窗口。按【Ctrl+F3】组合键，弹出"属性"面板，单击"大小"右侧的"编辑"按钮，弹出"文档设置"对话框，将舞台宽度设置为450像素，高度设置为300像素，将背景颜色设置为"红色"（#FF0000），如图1-13所示单击"确定"按钮。

微课
新年贺卡制作

图1-13　文档属性设置

（2）在"属性"面板中，单击"配置文件"右侧的"编辑"按钮，弹出"发布设置"对话框，将"目标"设置为Flash Player 17，将"脚本"设置为ActionScript 3.0，如图1-14所示。

（3）选择"文件"｜"导入"｜"导入到库"命令，在弹出的"导入到库"对话框中选择"学习情境1\素材\春节贺卡"文件夹下的所有文件，单击"打开"按钮，这些图片都被导入"库"面板中，效果如图1-15所示。

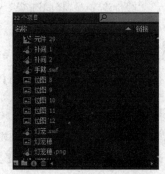

图1-14　Flash选项卡设置　　　　图1-15　导入"库"面板

2. 制作人物拜年效果

（1）在"库"面板下方单击"新建元件"按钮，弹出"创建新元件"对话框，在"名称"文本框中输入"人物动"，在"类型"下拉列表中选择"影片剪辑"选项，单击"确定"按钮，新建影片剪辑元件"人物动"，如图1-16所示。此时舞台窗口也随之转换为影片剪辑元件的舞台窗口。

（2）将"库"面板中的图形元件"人物"和图形元件"手臂"拖动到舞台窗口中，效果如图1-17所示，选中"图层1"的第6帧，按【F5】键，在该帧上插入普通帧。选中"图层1"的第4帧，按【F6】键，在该帧上插入关键帧。

图1-16　"库"面板　　　图1-17　"人物动"元件

（3）选中"图层1"的第4帧。选择"任意变形工具"，在舞台窗口中选中"手臂"实例，出现变换框，将中心控制点拖动到变换框的右下方。调出"变形"面板，在面板中进行设置，效果如图1-18所示。按【Enter】键，实例效果如图1-19所示。

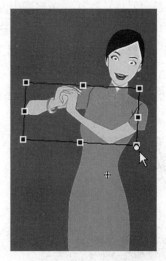

图1-18　"变形"面板　　　图1-19　手臂旋转效果

3. 制作文字动画

（1）单击"新建元件"按钮，新建影片剪辑元件"文字1"。选择"文本工具"，在"属性"面板中进行设置，如图1-20所示，在舞台窗口中输入黄色（#FFFF00）文字，效果如图1-21所示。

图 1-20　文本属性设置

图 1-21　输入文字

（2）选中"图层1"的第2帧，在该帧上插入关键帧。选择"任意变形工具"，将文字顺时针旋转到合适的角度，效果如图1-22所示。

（3）使用相同的方法制作影片剪辑元件"文字2"，输入的文字为"心想事成"，旋转方向为逆时针，效果如图1-23所示。

图 1-22　顺时针旋转文字

图 1-23　逆时针旋转文字

4. 绘制烛火图形

（1）单击"新建元件"按钮，新建图形元件"烛火"。选择"窗口"|"颜色"命令，弹出"颜色"面板，将"填充颜色"设置为"无"，选中"笔触颜色"按钮，在右侧下拉列表中选择"径向渐变"，在色带上设置6个色块，将色块全部设为白色，分别选中色带上的第1、3、4、6个色块，将Alpha选项设置为0%，如图1-24所示。

（2）选择"椭圆工具"，在其"属性"面板中将"笔触大小"选项设置为10，在舞台窗口中绘制一个圆形，效果如图1-25所示。

图 1-24　"颜色"面板

图 1-25　绘制圆形

(3)选择"椭圆工具",在其"属性"面板中将"笔触颜色"设置为"黄色"(#FFFF00),"填充颜色"设置为"红色"(#FF0000),将"笔触大小"设置为3,在舞台窗口中绘制一个椭圆形,效果如图1-26所示。

(4)选择"选择工具",将鼠标指针放在椭圆形边线上,拖动椭圆形边线将其变形。选中椭圆形,选择"任意变形工具",将其调整到合适的大小并放置到白色圆环内,效果如图1-27所示。

图1-26 绘制椭圆形

图1-27 "烛火"图形

5. 制作灯笼动的效果

(1)单击"新建元件"按钮,新建影片剪辑元件"灯笼动"。将"图层1"重新命名为"灯笼穗"。将"库"面板中的图形元件"灯笼穗"拖动到舞台窗口中,效果如图1-28所示。

(2)分别选中"灯笼穗"图层的第10帧和第20帧,在选中的帧上插入关键帧。选中"灯笼穗"图层的第10帧,在舞台窗口中选中"灯笼穗"实例,选中"任意变形工具",按住【Alt】键的同时,将变换框下端中间控件点向左拖动,如图1-29所示。

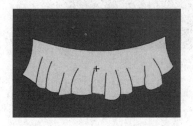
图1-28 "灯笼穗"实例

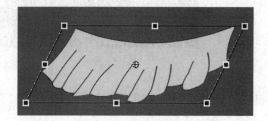
图1-29 变形操作

(3)分别右击"灯笼穗"图层的第1帧和第10帧,在弹出的快捷菜单中选择"创建传统补间"命令,生成传统补间动画,效果如图1-30所示。

图1-30 创建传统补间动画

(4)在"时间轴"面板中,创建新图层并将其命名为"灯笼"。将"库"面板中的图形元件"灯笼"拖动到舞台窗口中,选择"任意变形工具",将其调整到合适的大小并放置到适当的位置,效果如图1-31所示。

(5)在"时间轴"面板中创建新图层并将其命名为"烛火"。将"库"面板中的图形元件"烛火"拖动到舞台窗口中,选择"任意变形工具",将其调整到合适大小,并放置到灯笼内,在"属性"面板中,将Alpha值设为30%,舞台窗口效果如图1-32所示。

图 1-31　调整灯笼位置及大小　　　　图 1-32　放置"烛火"图形

（6）分别选中"烛火"图层的第10帧和第20帧,在选中的帧上插入关键帧。选中"烛火"图层的第10帧,在舞台窗口中选中"烛火"实例,选择"任意变形工具"将其适当放大。分别右击"烛火"图层的第1帧和第10帧,在弹出的快捷菜单中选择"创建传统补间"命令,生成传统补间动画,效果如图1-33所示。

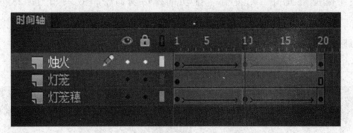

图 1-33　创建"烛火"动画

（7）单击"新建元件"按钮,新建影片剪辑元件"灯笼动2"。将"库"面板中的影片剪辑元件"灯笼动"向舞台窗口中拖动两次,效果如图1-34所示。

图 1-34　灯笼效果

6. 制作动画效果

（1）单击"时间轴"面板下方的"场景1"图标，进入"场景1"的舞台窗口。将"图层1"重新命名为"背景图"。将"库"面板中的图形元件"背景图"拖动到舞台窗口中，效果如图1-35所示。选中"背景图"图层的第50帧，在该帧上插入普通帧。

（2）在"时间轴"面板中创建新图层，并将其命名为"福字"。将"库"面板中的图形元件"福字"拖动到舞台窗口的右侧外面，选择"任意变形工具"，调整"福字"实例的大小，如图1-36所示。

图1-35 背景图

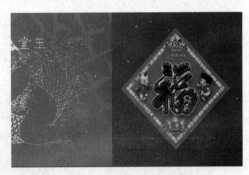

图1-36 福字

（3）选中"福字"图层的第12帧，在该帧上插入关键帧。在舞台窗口中选中"福字"实例，按住【Shift】键的同时，将其水平向左拖动到舞台窗口中间，效果如图1-37所示。右击"福字"图层的第1帧，在弹出的快捷菜单中选择"创建传统补间"命令，生成传统补间动画，如图1-38所示。调出"属性"面板，选择"旋转"下拉列表中的"顺时针"选项。

图1-37 将"福字"移到舞台中间

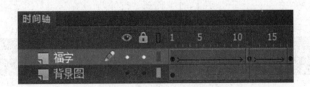

图1-38 创建传统补间动画

（4）选中"福字"图层的第18帧，在该帧上插入关键帧。在舞台窗口中选中"福字"实例，选择"任意变形工具"，将其倒转，效果如图1-39所示。右击"福字"图层的第12帧，在弹出的快捷菜单中选择"创建传统补间"命令，生成传统补间动画。

（5）在"时间轴"面板中创建新图层，并将其命名为"灯笼"。选中"灯笼"图层的第39帧，在该帧上插入关键帧。将"库"面板中的影片剪辑元件"灯笼动2"拖动到舞台窗口中，选择"任意变形工具"，将其调整到合适大小，并放置到舞台窗口右上方，效果如图1-40所示。

图1-39 将"福字"倒转　　　　图1-40 放置"灯笼"至窗口右上方

（6）选中"灯笼"图层的第44帧，在该帧上插入关键帧。在舞台窗口中选中"灯笼动2"实例，按住【Shift】键的同时，将其垂直向下拖动到舞台窗口中，效果如图1-41所示。右击"灯笼"图层的第39帧，在弹出的快捷菜单中选择"创建传统补间"命令，生成传统补间动画，如图1-42所示。

图1-41 移动"灯笼"

图1-42 创建"灯笼"动画

（7）在"时间轴"面板中创建新图层，并将其命名为"人物"。选中"人物"图层的第46帧，在该帧上插入关键帧。将"库"面板中的影片剪辑元件"人物动"拖动到舞台窗口中，效果如图1-43所示。

图1-43 元件"人物动"拖动到舞台窗口

（8）分别选中"人物"图层的第48帧和第50帧，在选中的帧上插入关键帧。选中"人物"图层的第48帧，在舞台窗口中选中"人物动"实例，选择"任意变形工具"，按住【Shift】键的同时，将其等比例放大，效果如图1-44所示。

图1-44 元件"人物动"等比例放大

（9）分别右击"人物"图层的第46帧和第48帧，在弹出的快捷菜单中选择"创建传统补间"命令，生成传统补间动画，效果如图1-45所示。

图1-45 创建动画

（10）在"时间轴"面板中创建新图层，并将其命名为"文字1"。选中"文字1"图层的第18帧，在该帧上插入关键帧。将"库"面板中的影片剪辑元件"文字1"拖动到舞台窗口左侧外面偏上的位置，效果如图1-46所示。

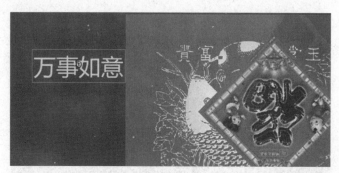

图1-46 放入"文字1"

（11）选中"文字1"图层的第23帧，在该帧上插入关键帧。在舞台窗口中选中"文字1"实例，按住【Shift】键的同时，将其水平向右拖动到舞台窗口中"福字"实例左侧，效果如图1-47所示。

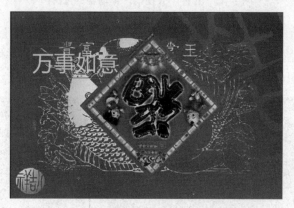

图1-47 将"文字1"移到"福字"左侧

（12）选中"文字1"图层的第31帧，在该帧上插入关键帧。在舞台窗口中选中"文字1"实例，按住【Shift】键的同时，将其稍向右水平拖动，效果如图1-48所示。

图1-48 向右移动"文字1"

(13)选中"文字1"图层的第37帧,在该帧上插入关键帧。在舞台窗口中选中"文字1"实例,按住【Shift】键的同时,将其水平拖动到舞台窗口的右侧外面,效果如图1-49所示。

图1-49 移动"文字1"至舞台窗口右侧

(14)分别右击"文字1"图层的第18帧、第23帧和第31帧,在弹出的快捷菜单中选择"创建传统补间"命令,生成传统补间动画,效果如图1-50所示。在"时间轴"面板中创建新图层并将其命名为"文字2"。使用相同的方法设置"文字2"实例,使其从舞台窗口右侧外面的偏下位置移动到左侧外面的偏下位置。"时间轴"面板中的效果如图1-51所示。

图1-50 "时间轴"面板设置1

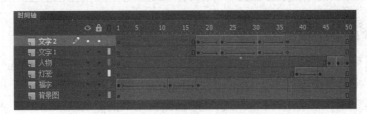

图1-51 "时间轴"面板设置2

(15)在"时间轴"面板中创建新图层并将其命名为"声音"。将"库"面板中的声音文件"背景音乐"拖动到舞台窗口。

(16)在"时间轴"面板中创建新图层并将其命名为"动作脚本"。选中"动作脚本"图层的第50帧,在该帧上插入关键帧,右击,从快捷菜单中选择"动作"命令,在"动作"面板中输入Stop命令,如图1-52所示。在"动作脚本"图层的第50帧上显示出标记a,如图1-53所示,整个时间轴如图1-54所示。

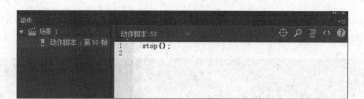

图 1-52　输入语句

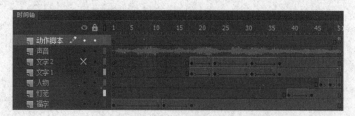

图 1-53　"时间轴"面板

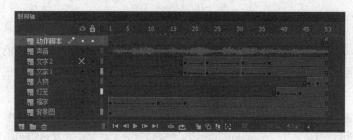

图 1-54　动画"时间轴"面板

任务二　教师节贺卡制作

任务解析

根据给定的素材，完成突显教师"春蚕到死丝方尽，蜡炬成灰泪始干"的无私奉献精神的教师节贺卡创作，使学生能够使用"文本工具"及"任意变形工具"完成文本创作，能够熟练使用传统补间动画创作光束动画，学会熟练使用形状补间动画创作书页翻动效果，最终提交*.fla动画文件，达到视频文件所示效果。

动　画

教师节贺卡

知识链接

一、矩形工具和基本矩形工具

1. 矩形工具

"矩形工具"主要用于绘制不同大小的矩形和正方形，其使用方法如下。

（1）选择"矩形工具"，分别单击工具箱中"笔触颜色"和"填充颜色"右边的色块，弹出色板，选择颜色。

（2）在舞台上按住鼠标左键并拖动后，释放鼠标即可绘制一个矩形。如果绘制时按住【Shift】键，可绘制正方形；按住【Alt】键，可绘制以鼠标单击点为中心的矩形；同时按住【Shift+Alt】组合键，可绘制以鼠标单击点为中心的正方形。

2. 基本矩形工具

选中使用"基本矩形工具"创建的图形后，不像使用"矩形工具"创建的图形一样，表面都是像素点，而是周围有一个边框，如图1-55所示。它的使用方法与"矩形工具"的使用方法基本相同，其优点是圆角的设置可以在创建完图形之后进行，而且不仅可以通过"属性"面板进行设置，还可以直接拖动边框线上的控制点进行调整。

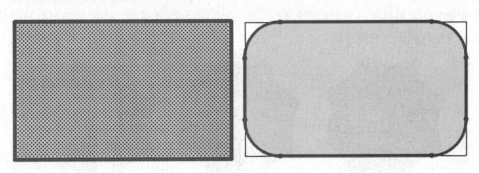

图1-55 使用"矩形工具"与"基本矩形工具"被选中后的效果

二、椭圆工具和基本椭圆工具

1. 椭圆工具

"椭圆工具"主要用于绘制不同大小的椭圆形、圆形、扇形和环形，其使用方法如下。

（1）"椭圆工具"的使用方法和"矩形工具"的使用方法十分相似，也可以使用【Shift】键和【Alt】键来辅助绘制。如果要绘制扇形或环形，则需要先认识一下"椭圆工具"的"属性"面板。

（2）选择"椭圆工具"，其"属性"面板下部的"椭圆选项"选项组如图1-56所示。

①开始角度：用于指定椭圆的开始点。

②结束角度：用于指定椭圆的结束点。由这两个属性可以绘制扇形等形状，图1-57左图所示为开始角度为120°，结束角度为280°时的扇形。

③内径：此值的大小可以控制图形是否为环形，图1-57右图所示为内径为70时的环形。

图 1-56　椭圆选项

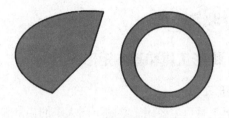

图 1-57　扇形和环形

2. 基本椭圆工具

"基本椭圆工具"和"基本矩形工具"基本相同,也是在绘制完成后允许修改。

三、渐变变形工具

"渐变变形工具"用于对填充的渐变颜色进行编辑,其使用方法如下。

(1)使用"星形工具"在舞台上创建一个八角星形对象,并将对象的填充选中,如图1-58(a)所示。

(2)选择"窗口"|"颜色"命令,打开"颜色"面板,然后在该面板上单击"填充颜色"按钮,填充彩色线条,如图1-58(b)所示。

(3)选中对象,选择"渐变变形工具",对象上出现了三个渐变控制点,鼠标指针右下方增加了一个渐变填充的矩形标记,效果如图1-58(c)所示。需要注意的是,当填充类型为放射状和位图时,填充的控制点标记会有所不同。

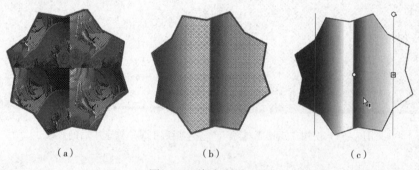

(a)　　　　　　　　　(b)　　　　　　　　　(c)

图 1-58　渐变变形工具

(4)右侧的标记用于调整渐变中心点的范围,调整后的效果如图1-59(a)所示。中央的标记用于调整渐变中心点的位置,调整后的效果如图1-59(b)所示。右上方的标记用于调整渐变填充的角度,调整后的效果如图1-59(c)所示。

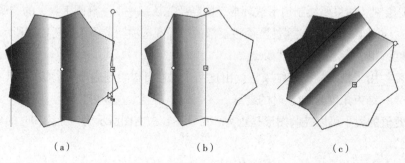

(a)　　　　　　　　　(b)　　　　　　　　　(c)

图 1-59　渐变变形工具效果

四、任意变形工具

"任意变形工具"用于对选中的对象进行旋转、缩放和变形等操作,其使用方法如下。

(1)选择"任意变形工具"。

(2)选择舞台上需要修改的矩形对象,矩形周围出现8个黑色方形控制柄,中心出现一个白色圆形控制点,如图1-60(a)所示。

(3)拖动水平控制柄,可修改图形的宽度;拖动垂直控制柄,可修改图形的高度;拖动四周的控制柄,可同时修改图形的高度和宽度。

(4)当鼠标指针移到矩形边框变为 时,拖动鼠标完成倾斜操作,效果如图1-60(b)所示。

(5)当鼠标指针移到矩形4个顶点变为 时,拖动鼠标完成旋转操作,效果如图1-60(c)所示。此时旋转是以矩形中心为参考点,如果希望以任意某个点为旋转参考点,只需移动圆形控制点到合适的位置即可。图1-60(d)所示是将旋转参考点由矩形中心拖至右上方后的旋转效果。

 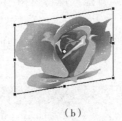  

(a)　　　　　　　　(b)　　　　　　　(c)　　　　　　(d)

图1-60　对象的旋转与倾斜

> **提示**
> 1.对于一个绘制的图形,如果要通过拖动4个拐角的控制点实行等比缩放,一定要按住【Alt】键才能实现。
> 2.若工具箱底部没有显示出"旋转与倾斜""缩放""扭曲""封套"等按钮,拉宽工具窗口的宽度即可显示。

任务实施

1. 创建新文件和图形元件

新建Animate文档,大小为550×340像素,并将文件保存为"教师节贺卡","属性"面板如图1-61所示。

图1-61　文档属性

微课
教师节
贺卡制作

2. 创建影片剪辑"光动"

（1）单击"库"面板中的"新建元件"按钮，弹出"创建新元件"对话框，在"名称"文本框中输入名称"光动"，在"类型"下拉列表中选择"影片剪辑"选项，如图1-62所示。单击"确定"按钮，随即转入该影片剪辑的舞台窗口，舞台效果如图1-63所示。

图1-62　"创建新元件"对话框

图1-63　舞台窗口

（2）单击"图层1"的第1帧，将"光"素材拖入舞台窗口第60帧及第120帧，按【F6】键插入关键帧；选中第60帧，使用"任意变形工具"对其进行逆时针旋转-22.5°，"变形"面板如图1-64所示。选中第1帧及第60帧，右击，从弹出的快捷菜单中选择"创建传统补间"命令，"时间轴"面板如图1-65所示。

图1-64　旋转角度

图1-65　"时间轴"面板

（3）创建影片剪辑元件"书动"，选中"图层1"的第1帧，将"书"素材拖入舞台窗口第30帧，按【F5】键插入普通帧；选中"图层2"的第1帧，将"书页"拖入舞台窗口第15帧及第30帧，按【F6】键插入关键帧；选中第15帧，使用"任意变形工具"将书略向上翻起；选中第1帧及第15帧，右击，从弹出的快捷菜单中选择"创建补间形状"命令，"时间轴"面板如图1-66所示。

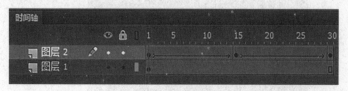
图1-66　"时间轴"面板

3.进入场景制作贺卡

(1) 单击"时间轴"面板下方的"场景1"图标,进入"场景1"的舞台窗口。将"图层1"重命名为"背景"。将"库"面板中的"背景"图片拖入舞台中,并调整好大小,效果如图1-67所示。

图1-67 舞台窗口

(2) 创建新图层,并将其命名为"光",将"光"影片剪辑元件拖入舞台并调整好位置,效果如图1-68所示。

图1-68 光效果

(3) 依此类推,新建"书"图层,将"书"影片剪辑元件拖入舞台并调整好位置;新建"文字"图层,输入"亲爱的老师:您辛苦了!";新建"声音"图层,将声音文件"背景音乐"拖入舞台窗口,"时间轴"面板如图1-69所示,按【Ctrl+Enter】组合键进行测试,最终效果如图1-70所示。

图 1-69 "时间轴"面板　　　　　　　图 1-70 舞台效果

项目总结

通过本项目的学习，使同学们掌握"文本工具"的使用技巧，掌握传统补间动画及形状补间动画的创作方法及属性设定，能够运用脚本语言实现动画的交互控制，相信大家通过该项目制作，能够掌握动画创作的核心技法与技巧，对电子贺卡的创作能够触类旁通。

项目实训

拓展能力训练项目——友情贺卡。

➤项目任务

设计制作一张友情贺卡。

➤客户要求

以"冬天的思念"为主题，设计一张550×400像素的照片，以寄托对朋友的关怀和思念。

➤关键技术

情景交融。

动画节奏及时间控制。

绘图工具的灵活使用。

➤参照效果图

友情贺卡的最终制作效果，如图1-71所示。

图 1-71 友情贺卡

项目 2
宣传广告制作

项目导入

灵犀文化传媒有限公司接到宣传广告创作订单，客户要求宣传广告创作要能使消费者对产品和使用效果产生难忘印象，不但可以巧妙地把产品信息呈现出来，还能让消费者对所呈现的内容产生某种共鸣，以激发其购买欲。相信大家通过该项目的演练，能够对宣传广告的创作得心应手。

学习目标

1. 掌握文本属性面板参数设定，能够完成画龙点睛文本动画创作。
2. 掌握帧、"时间轴"面板及图层的使用方法，在教师的指导下，能够完成场景动画创作，展现作品的创新性、高阶性与挑战性。
3. 掌握元件的创建及使用技巧，能够独立完成影片剪辑元件、图形元件的动画制作，充分体现元件动画创作的主动性、积极性、创新性。
4. 掌握形状补间动画和传统补间动画的创作方法及使用技巧，能够完成动画创作。
5. 掌握声音编辑封套使用方法，能够完成声音的编辑。
6. 掌握"变形"面板及"颜色"面板的径向渐变设置，能够完成元件的变形动画及颜色设定。
7. 掌握动画的测试方法，在教师的指导下，能够充分发挥团队合作精神与应变能力，完成动画测试并成功播放。

项目实施

任务一　眼影广告制作

任务解析

根据给定的素材，向消费者展示出眼影细节及使用效果，吸引消费者眼球，使之产生强烈的使用欲望，更好地挖掘潜在的目标消费者，有效增强营销力度，完成眼影广告创作，使学生掌握"颜色"面板中径向渐变的设置方法及不透明度参数的设定，完成光圈创作；使学生掌握"文本工具"的使用方法，完成文案创作；掌握遮罩动画、补间动画、传统补间动画及脚本语言的创作方法与技巧，完成场景动画创作；学会用图形元件及影片剪辑元件创作动画，最终提交*.fla动画文件达到视频文件所示效果。

动　画

眼影广告

一、创建图形元件

我们在动画中所需要的静态图像或动画片段都可以在图形元件中进行制作或处理，但如果将交互式控件或声音置入图形元件中将不起作用。创建图形元件的方法如下。

（1）选择"插入"｜"新建元件"命令或按【Ctrl+F8】组合键，会弹出"创建新元件"对话框。

（2）在该对话框的"名称"文本框中可以输入元件的名称，在"类型"下拉列表中选择"图形"，单击"确定"按钮创建图形元件，如图2-1所示。

图2-1　"创建新元件"对话框

（3）在图形元件中，我们可以进行素材的导入或直接绘制图形，操作完毕后，单击左上角的 场景1 按钮或 ← 按钮就可以返回主舞台。

二、创建按钮元件

按钮是一种特殊的交互动画，在按钮元件中，我们可以针对用户利用鼠标进行人机交互的4种状态进行设置，分别是默认状态、感应鼠标状态、点击鼠标状态和按钮隐藏状态。

（1）选择"插入"｜"新建元件"命令或按【Ctrl+F8】组合键，弹出"创建新元件"对话框。

（2）在该对话框的"名称"文本框中可以输入元件的名称，在"类型"下拉列表中选择"按钮"，单击"确定"按钮创建按钮元件。

（3）在按钮元件中，我们选择时间轴上的"弹起"帧，利用绘图工具绘制图形，如图2-2所示。

（4）依次选择"指针"和"按下"两个关键帧，并分别调整这两帧的图形状态，如图2-3所示。

图2-2 "弹起"时的按钮状态　　　图2-3 "指针"和"按下"时的按钮状态

（5）将处理完的按钮元件拖动至主舞台中，按【Ctrl+Enter】组合键测试按钮效果。

三、创建影片剪辑元件

影片剪辑元件主要用于制作动画片段，由于该元件具备自身独立的时间轴，而且将该元件拖动至舞台中时，只在舞台上占一个关键帧的位置，所以用来制作一些小的动画片段十分方便。在影片剪辑元件中制作的动画拖动到舞台上进行播放时会循环播放。

（1）选择"插入"｜"新建元件"命令或按【Ctrl+F8】组合键，会弹出"创建新元件"对话框。

（2）在该对话框的"名称"文本框中可以输入元件的名称，这里我们输入"气球"，在"类型"下拉列表中选择"影片剪辑"，单击"确定"按钮创建影片剪辑元件。

（3）进入该元件，利用绘图工具绘制气球，如图2-4所示。

（4）选中"图层1"的第30帧，按【F6】键插入关键帧，在这一帧中，调整气球的形状。之后重新选中第一帧，右击，在弹出的快捷菜单中选择"创建补间形状"命令，完成动画，如图2-5所示。

图2-4 在元件中绘制气球图　　　图2-5 调整第30帧时气球形状，创建补间形状

（5）将制作完成的影片剪辑元件拖动至舞台中，按【Ctrl+Enter】组合键测试影片剪辑元件的动画效果。

任务实施

1. 创建并设置文档

（1）选择"文件"|"新建"命令，在弹出的"新建文档"对话框中选择ActionScript 3.0，单击"确定"按钮，进入新建文档舞台窗口。按【Ctrl+F3】组合键，弹出"属性"面板，设置"大小"为500×338像素，背景颜色为"白色"，如图2-6所示。

微 课

眼影广告制作

图 2-6 "属性"面板

（2）选择"文件"|"导入"|"导入到库"命令，在弹出的"导入到库"对话框中选择"学习情境2\素材\化妆品广告"文件夹下的所有文件，单击"打开"按钮，这些图片都被导入"库"面板中。

2. 创建图形元件

（1）在"库"面板下方单击"新建元件"按钮，弹出"创建新元件"对话框，在"名称"文本框中输入text，在"类型"下拉列表中选择"图形"选项，单击"确定"按钮，新建图形元件text，如图2-7所示，舞台窗口也随之转换为图形元件的舞台窗口。

图 2-7 图形元件

（2）选择工具箱中的"文本工具"，在字符属性面板中设置系列为"黑体"，大小为50，颜色为（#8F336A），输入文本MAYBELLINE。同样地选择工具箱中的"文本工具"，在字符属性面板中设置系列为"黑体"，大小为35，颜色为（#8F336A），输入文本"炫彩珠光眼影"，文字设置如图2-8所示，效果如图2-9所示。

图 2-8 文本设置

图 2-9 文本效果

3. 制作元件"光圈"

（1）单击"新建元件"按钮，新建影片剪辑元件"光圈"。

（2）选择"颜色"面板，将颜色类型选择为径向渐变，设置白色—白色—白色—白色的渐变填充，然后设置第1、2、4的白色的Alpha值为0%，如图2-10所示。

（3）选择工具箱中的"椭圆工具"，在笔触颜色中选择 ，然后按住【Shift】键，在工作区中绘制一个正圆，如图2-11所示。为了看清图形效果，这里在"属性"面板中是将背景颜色更改为黑色进行显示的。

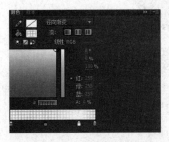
图 2-10　"颜色"面板

图 2-11　光圈效果

4. 制作元件"光圈_MC"

（1）单击"新建元件"按钮，新建影片剪辑元件"光圈_MC"。

（2）将"库"面板中的元件"光圈"拖入工作区中，在第35帧上右击，插入关键帧。

（3）单击该帧中的元件，在"属性"面板的"色彩效果"选项组中，设置样式为Alpha，并设置值为0%，如图2-12所示。

图 2-12　设置 Alpha 值

（4）单击第1帧中的元件，将其属性中的宽、高均设置为16，如图2-13所示。

图 2-13　设置元件宽高值

（5）在第1~35帧之间创建传统补间动画。

5. 制作元件"光圈动画"

（1）单击"新建元件"按钮，新建影片剪辑元件"光圈动画"。

（2）从"库"面板中选择图片"彩条"，然后单击打开按钮，在第35帧插入帧。

（3）新建"图层2"，双击工具箱中的"椭圆工具"，在颜色栏中填充颜色为黑色，笔触颜色选择为 。

（4）按住【Shift】键，在工作区中绘制一个正圆。双击工具箱中的选择按钮，单击工作区中的圆，设置宽、高值均为550。拖动圆，将"图层1"中的元件遮罩住，如图2-14所示。

图2-14　圆遮罩

（5）在第35帧上按【F6】键插入关键帧，单击第1帧中的图形，在"属性"面板中设置正圆的宽、高均为1。将该圆拖动到中间位置，在第1帧至第35帧间，创建形状补间动画。在"时间轴"面板的"图层2"上右击，在快捷菜单中选择"遮罩层"命令。

（6）新建"图层3"，在第1帧按【F7】键插入空白关键帧，将库中的元件"光圈_MC"拖入工作区，在第35帧按【F5】键插入帧。

（7）新建"图层4"，在第35帧按【F6】键插入关键帧，在第35帧的"动作"面板中输入stop( );代码，"时间轴"面板如图2-15所示，"动作"面板如图2-16所示。

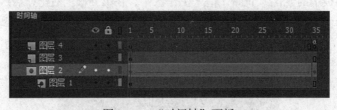

图2-15　"时间轴"面板

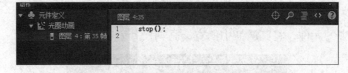

图2-16　添加代码

6.设置人物

（1）单击"新建元件"按钮，新建图形元件"人1"。选择"文件"|"导入"命令，弹出"导入"面板，将"人物"图片导入舞台，新建影片剪辑元件"人物1"，将图形元件"人1"拖入其中，在第15帧和第30帧分别插入关键帧，"时间轴"面板如图2-17所示，在第15帧处设置Alpha值为0%。

图2-17　人物1"时间轴"面板

（2）单击"新建元件"按钮，新建图形元件"人2"。选择"文件"|"导入"命令，弹出"导入"面板，将"人2"图片导入舞台，新建影片剪辑元件"人物2"，将图形元件"人物"拖入其中，在第10帧和第20帧分别插入关键帧，"时间轴"面板如图2-18所示，在第10帧处设置Alpha选项为0%。

图 2-18 人物2"时间轴"面板

7.设置场景效果

（1）单击"编辑场景"按钮，回到主场景，双击"图层1"，将其更名为"背景"。

（2）将"库"面板中的元件"背景"拖入场景中，在第10帧上右击，插入关键帧，然后单击第1帧中的元件，在"属性"面板中设置Alpha值为0%。

（3）在第1帧到第10帧间右击，从弹出的快捷菜单中选择"创建传统补间"命令，生成传统补间动画，"时间轴"面板如图2-19所示。

图 2-19 "时间轴"面板

（4）创建新图层并将其命名为"眼影"，然后将元件"眼影"拖动到舞台窗口中，在第10帧和第20帧上右击，插入关键帧，在第10帧处的"属性"面板中，将Alpha值设置为0%，"时间轴"面板及舞台效果如图2-20所示。

图 2-20 眼影"时间轴"面板及舞台效果

（5）新建图层"光圈"，在第20帧插入关键帧，将元件"光圈动画"拖入元件"眼影"的中央，"时间轴"面板及舞台效果如图2-21所示。

图 2-21 光圈"时间轴"面板及舞台效果

（6）新建图层"人物1"，在第55帧插入关键帧，将影片剪辑元件"人物1"拖到舞台左侧，执行"修改"|"变形"|"水平翻转"命令，设置第55帧Alpha值为0%；在第60帧插入关键帧，设置Alpha值为80%，"时间轴"面板及舞台效果如图2-22所示。

图2-22 人物1"时间轴"面板及舞台效果

（7）新建图层"人物2"，在第60帧插入关键帧，将影片剪辑元件"人物2"拖到舞台右侧，设置第60帧Alpha值为0%；在第65帧插入关键帧，设置Alpha值为80%，"时间轴"面板及舞台效果如图2-23所示。

图2-23 人物2"时间轴"面板及舞台效果

（8）创建新图层并将其命名为"文本"，在第100帧将元件Text拖动到舞台窗口中，效果如图2-24所示。在第103、104、120帧上分别右击，插入关键帧，在第103帧处"属性"面板中，将"色调"值设置为100%，颜色设置为白色，效果如图2-25所示。在第120帧将文字移至眼影下方，效果如图2-26所示。

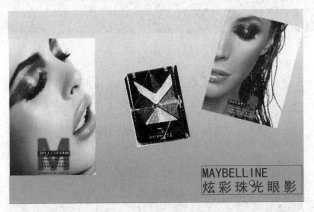

图 2-24　第 100 帧文字效果

图 2-25　第 103 帧文字效果

图 2-26　第 120 帧文字效果

（9）在第101~103帧之间的任意一帧上右击，创建补间动画，采用同样的操作创建第104~120帧之间的补间动画。在第155帧上右击，选择插入帧，将其他图层同样在第155帧插入帧，"时间轴"面板如图2-27示。

图 2-27　"时间轴"面板

（10）选择测试影片命令，或者按【Ctrl+Enter】组合键打开播放器测试广告动画，效果如图2-28示。

图 2-28　最终效果

任务二　钻戒广告制作

任务解析

根据给定的素材，完成节奏明快、视觉效果突出的开场动画，突出呈现闪闪发光、夺人眼球的钻戒，激起人们对美好爱情无限憧憬的钻戒广告创作，使学生能够使用"变形"面板完成元件的旋转变形创作，能够掌握形状补间动画的使用方法与技巧，完成钻戒闪闪发光的光束动画创作，学会使用传统补间动画及补间动画完成动画效果，学会使用编辑封套完成声音的编辑，最终提交*.fla动画文件，达到视频文件所示效果。

动　画

钻戒广告

一、声音的播放

（1）将声音文件导入"库"面板中后，选择"时间轴"面板上的某一个图层，将"库"面板中的声音素材拖动至舞台中，则图层变为图2-29所示的状态，这时测试影片便可听到声音。

图2-29　声音素材拖动至舞台后相应图层的状态

（2）将声音素材拖动至舞台后，在"属性"面板中可设置声音的播放方式，如图2-30所示。

图2-30　声音的播放方式

重复：选择该选项后，可以在右侧的文本框中输入重复播放的次数，声音将按设置进行重复播放。

循环：声音将始终进行循环播放。

二、声音的效果

将声音素材置入舞台中后，在"属性"面板的"声音"项中，在"效果"下拉列表中可以对声音的播放效果做出多种设置，如图2-31所示。

无：将不应用任何效果。若选择该项，之前应用过的播放效果也将被取消。

左声道：选择该项，则只在左声道播放音频。

右声道：选择该项，则只在右声道播放音频。

向右淡出：选择该项，声音会从左声道传到右声道，并逐渐减小幅度。

向左淡出：选择该项，声音会从右声道传到左声道，并逐渐减小幅度。

淡入：选择该项，在声音开始播放后会逐渐增强其幅度。

淡出：选择该项，在声音开始播放后会逐渐减小其幅度。

自定义：可以创建自己的声音效果，并可单击"效果"旁边的按钮，弹出"编辑封套"对话框，对声音进行编辑，如图2-32所示。

 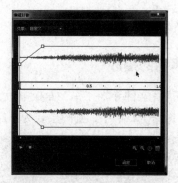

图 2-31　声音播放效果的设置　　　图 2-32　利用"编辑封套"对话框编辑声音

三、编辑封套

打开"编辑封套"对话框后，可以看到该对话框主要分为两个编辑区域，上方代表左声道波形编辑区，下方代表右声道波形编辑区，如图2-33和图2-34所示。

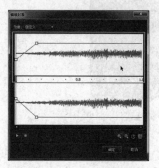 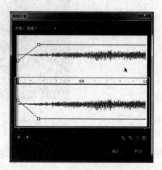

图 2-33　左声道波形编辑区　　　图 2-34　右声道波形编辑区

效果：在该下拉列表中可以设置声音的播放效果。

声音的播放和停止：单击对话框左下角的▶按钮，可以播放声音，以测试效果。单击■按钮，可以停止播放。

声音波形的放大和缩小：单击对话框右下角的🔍按钮，可以使对话框中的声音波形在水平方向放大，可以进行更细致的调整。单击🔍按钮，可以使对话框中的声音波形在水平方向缩小，可以观看声音的整体效果，并进行调整。

时间单位的显示：左、右声道波形区的中间位置为时间刻度区，如图2-35所示，在该对话框右下角单击🕐按钮，可以使时间刻度以秒为单位显示。单击▥按钮，可以使时间刻度以帧为单位显示。

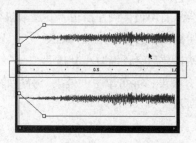

图 2-35　对话框中的时间刻度区

四、声音的同步方式

所谓同步指的是影片与声音在播放时的配合方式,在"属性"面板的"声音"选项区、"同步"下拉菜单中提供了4种同步方式,如图2-36所示。

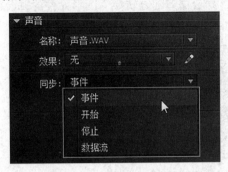

图 2-36 声音的同步方式

事件:默认的声音同步模式。选择该项,当动画播放到声音的开始关键帧时,声音开始播放,并且是独立于时间轴的,即使动画停止,声音也会继续播放,到完毕为止。

开始:该选项适用于在一个动画中添加了多个声音文件的情况。如果动画中某一段声音选择了该项,则动画播放到该声音时,如果有其他的声音正在播放,则自动取消播放"同步"设置为"开始"的声音,只有在没有其他声音播放的情况下,才会对该声音进行播放。

停止:选择该选项,当动画播放到该声音的开始帧时,该声音与其他正在播放的声音都会停止播放。

数据流:选择该选项,Animate CC将自动调整动画和音频的同步效果,将声音完全附加到动画上,如果动画将在Web站点上播放,则要选择该项设置。

视 频

钻戒广告制作

任务实施

1. 创建文档并导入素材

(1)选择"文件"|"新建"命令,在弹出的"新建文档"对话框中选择ActionScript 3.0,将"宽"选项设置为600像素,"高"选项设置为400像素,将"背景颜色"选项设置为深红色(#500103),如图2-37所示,改变舞台的大小和颜色。

(2)选择"文件"|"导入"|"导入到库"命令,在弹出的"导入到库"对话框中选择"素材\钻戒广告"文件夹中的所有素材,单击"打开"按钮,素材被导入"库"面板中,如图2-38所示。

图 2-37 设置文档参数

图 2-38 导入素材

2. 制作图形元件

（1）在"库"面板下方单击"新建元件"按钮，弹出"创建新元件"对话框，在"名称"文本框中输入"戒指"，在"类型"下拉列表中选择"图形"选项，单击"确定"按钮，新建一个图形元件"戒指"，如图2-39所示，舞台窗口随之转换为图形元件的舞台窗口，将"库"面板中的"戒指.png"拖动到舞台窗口中，如图2-40所示。

图2-39 "创建新元件"对话框

图2-40 戒指舞台效果

（2）在"库"面板下方单击"新建元件"按钮，弹出"创建新元件"对话框，在"名称"文本框中输入"导航条"，在"类型"下拉列表中选择"图形"选项，单击"确定"按钮，新建一个图形元件"导航条"，舞台窗口随之转换为图形元件的舞台窗口，将"库"面板中的"导航条.jpg"拖动到舞台窗口中。

（3）在"库"面板下方单击"新建元件"按钮，弹出"创建新元件"对话框，在"名称"文本框中输入"玫瑰花"，在"类型"下拉列表中选择"图形"选项，单击"确定"按钮，新建一个图形元件"玫瑰花"，舞台窗口随之转换为图形元件的舞台窗口，将"库"面板中的"玫瑰花.png"拖动到舞台窗口中。

（4）在"库"面板下方单击"新建元件"按钮，弹出"创建新元件"对话框，在"名称"文本框中输入This life with you soon，在"类型"下拉列表中选择"图形"选项，单击"确定"按钮，新建一个图形元件This life with you soon，舞台窗口随之转换为图形元件的舞台窗口。

（5）选择"文本工具"，在舞台窗口中输入英文This life with you soon，打开文字的"属性"面板，设置参数如图2-41所示。

（6）在舞台窗口中选择文字，按住【Ctrl】键的同时拖动文字，复制出一个文字，打开文字的"属性"面板，设置参数如图2-42所示。微微调整文字1和文字2的位置，效果如图2-43所示。

图2-41 文字1参数

图2-42 文字2参数

图 2-43 文字图形元件效果

（7）在"库"面板下方单击"新建元件"按钮，弹出"创建新元件"对话框，在"名称"文本框中输入"矩形条"，在"类型"下拉列表中选择"图形"选项，单击"确定"按钮，新建一个图形元件"矩形条"，舞台窗口随之转换为图形元件的舞台窗口。

（8）选择"矩形工具"，将"笔触颜色"选项设置为"无"，"填充颜色"选项设置为"白色半透明"，如图2-44所示。在舞台窗口中绘制一个"宽"为600、"高"为100的矩形，效果如图2-45所示。

图 2-44　矩形条参数　　　　　　图 2-45　矩形条效果

（9）在"库"面板下方单击"新建元件"按钮，弹出"创建新元件"对话框，在"名称"文本框中输入"长条1"，在"类型"下拉列表中选择"图形"选项，单击"确定"按钮，新建一个图形元件"长条1"，舞台窗口随之转换为图形元件的舞台窗口。将"库"面板中的"矩形条"图形元件拖动到舞台窗口中。

（10）单击"时间轴"面板下方的"插入图层"按钮，创建新图层"图层2"，将"库"面板中的"位图长条.png"拖动到舞台窗口中，摆放效果如图2-46所示。使用同样的方法创建"长条2"图形元件，效果如图2-47所示。

图 2-46　长条 1 图形元件

图 2-47　长条 2 图形元件

（11）在"库"面板下方单击"新建元件"按钮，弹出"创建新元件"对话框，在"名称"文本框中输入"星星",在"类型"下拉列表中选择"图形"选项,单击"确定"按钮,新建一个图形元件"星星",舞台窗口随之转换为图形元件的舞台窗口。

(12)选择"椭圆工具",按住【Shift】键的同时拖动鼠标,绘制一个正圆。打开正圆的"属性"面板,将"宽"和"高"选项设为35。选择"修改"|"颜色"命令,打开"颜色"面板,设置参数如图2-48所示,舞台窗口中正圆的效果如图2-49所示。

图2-48 "颜色"面板   图2-49 正圆效果

(13)选择"选择工具",在舞台窗口中选中正圆,按住【Ctrl】键的同时拖动鼠标复制出一个圆,按【Ctrl+G】组合键,将复制的圆编组。打开它的"属性"面板,将"宽"选项设为80,"高"选项设为3.6,如图2-50所示。

(14)选择"窗口"|"变形"命令,打开"变形"面板,选择"旋转"选项,将"旋转"参数设为45,单击3次"重制选区和变形"按钮,如图2-51所示,效果如图2-52所示。将所有图形中心对齐,如图2-53所示。

图2-50 长条2图形元件   图2-51 "变形"面板

图2-52 旋转效果   图2-53 星星效果

(15)单击"时间轴"面板下方的"场景1"图标,进入"场景1"的舞台窗口。选中"图层1",选择"文本工具",在舞台窗口中输入英文Love,打开文字的"属性"面板,将"大小"选项设为

60，将"颜色"选项设为"黄色"（#FFFF00），如图2-54所示。

（16）在舞台窗口中选中文字，按住【Ctrl】键的同时拖动文字，复制出一个文字，打开文字的"属性"面板，将"颜色"选项设为"深黄色"（#666600），稍微调整两个文字的位置，如图2-55所示。

图 2-54　Love 文字前色

图 2-55　Love 文字添加后色

（17）选择"选择工具"，框选两个Love文字，多次按【Ctrl+B】组合键，将文字分离为形状。选中Love形状，右击，在弹出的快捷菜单中选择"分散到层"命令，将其分散到各图层。此时，"时间轴"面板中的"图层1"为空白关键帧，多出了"图层2""图层3""图层4"和"图层5"，分别为"图层2"至"图层5"重命名为L、O、V和E，如图2-56所示。在舞台窗口中分别选中L、O、V和E图形并右击，在弹出的快捷菜单中选择"转换为元件"命令，将其转换为图形元件。

图 2-56　分散到图层

3. 制作动画元件

（1）在"库"面板下方单击"新建元件"按钮，弹出"创建新元件"对话框，在"名称"文本框中输入"星星动画"，在"类型"下拉列表中选择"影片剪辑"选项，单击"确定"按钮，新建一个影片剪辑元件"星星动画"，舞台窗口随之转换为影片剪辑元件的舞台窗口。

（2）将"库"面板中的"星星"图形元件拖动到舞台窗口中，选择"窗口"|"变形"命令，打开"变形"面板，将"宽度缩放""高度缩放"选项均设为12%。选中第26帧和第51帧，按【F6】键，在该帧上插入关键帧。选中第26帧，在"变形"面板中，将"宽度缩放""高度缩放"选项设为6%，如图2-57所示。

图 2-57　星星动画变形参数

（3）分别选中第1帧和第26帧并右击，在弹出的快捷菜单中选择"创建传统补间"命令，生成传统补间动画，如图2-58所示。

图2-58　星星动画时间轴

（4）双击"库"面板中的戒指图形元件，进入图形元件舞台窗口。单击"时间轴"面板下方的"插入图层"按钮，创建新图层"图层2"。选择"画笔工具"和"选择工具"，在戒指高光区域绘制图2-59所示的图形，将"填充颜色"选项设置为"白色"，将"笔触"颜色删除。

（5）选择"窗口"|"颜色"命令，打开"颜色"面板，在"颜色类型"下拉列表中选择"线性渐变"，具体参数如图2-60所示。选择"颜料桶工具"，在图形上方从上向下拖动鼠标，效果如图2-61所示。

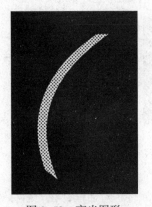

图2-59　高光图形　　　　图2-60　"颜色"面板　　　　图2-61　第1帧画面

（6）选中第30帧，按【F6】键，在该帧上插入关键帧。选择"颜料桶工具"，在图形下方，从上方向下拖动鼠标，效果如图2-62所示。选中第1帧并右击，在弹出的快捷菜单中选择"创建补间形状"命令，生成形状补间动画，如图2-63所示。

图2-62　第30帧画面　　　　　　　　图2-63　形状补间动画

4. 时间轴动画制作

（1）单击"时间轴"面板下方的"场景1"图标，进入"场景1"的舞台窗口。选中"图层1"，重命名为"长条1",将"库"面板中的"长条1"拖动到舞台窗口中,打开"属性"面板,将X、Y选项分别设为0。选择第9帧,按【F6】键,在该帧上插入关键帧,将Y选项设为200。选择第36帧,按【F6】键,在该帧上插入关键帧,将Y选项设为520。

(2)单击"时间轴"面板下方的"插入图层"按钮,创建新图层并将其命名为"长条2",将"库"面板中的"长条2"拖动到舞台窗口中,打开"属性"面板,将X选项设为0,Y选项设为400。选择第9帧,按【F6】键,在该帧上插入关键帧,将Y选项设为200。选择第36帧,按【F6】键,在该帧上插入关键帧,将Y选项设为520。选择第43帧,按【F6】键,在该帧上插入关键帧,将Y选项设为-50。

(3)分别选中"长条1"图层的第1帧、第9帧,"长条2"图层的第1帧、第9帧和第36帧,右击,在弹出的快捷菜单中选择"创建传统补间"命令,生成传统补间动画,如图2-64所示。

图2-64 长条动画

(4)单击"时间轴"面板下方的"插入图层"按钮,创建新图层并将其命名为"导航动画",选中第45帧,按【F6】键,在该帧上插入关键帧,将"库"面板中的"导航条"图形元件拖动到舞台窗口中,打开"属性"面板,将X选项设为0,Y选项设为-52。选中51帧,按【F6】键,在该帧上插入关键帧,将Y选项设为9;选中第54帧,按【F6】键,在该帧上插入关键帧,将Y选项设为0。选中第45帧和第51帧,右击,在弹出的快捷菜单中选择"创建传统补间"命令,生成传统补间动画。

(5)单击"时间轴"面板下方的"插入图层"按钮,创建新图层并将其命名为"玫瑰花",选中第54帧,按【F6】键,在该帧上插入关键帧,将"库"面板中的"玫瑰花"图形元件拖动到舞台窗口中,位置如图2-65所示。选中第74帧,按【F6】键,在该帧上插入关键帧。选中第54帧,在舞台窗口中选择玫瑰花实例,打开"属性"面板,在"色彩效果"选项组的"样式"下拉列表中选择Alpha,将值设为0%,如图2-66所示。右击,在弹出的快捷菜单中选择"创建传统补间"命令,生成传统补间动画。

图2-65 玫瑰花位置   图2-66 玫瑰花第54帧属性

(6)选择L图层第1帧,按住鼠标左键,移动鼠标指针到该图层的第74帧,将该关键帧移动到第74帧。在舞台窗口中选中该实例,打开L实例的"属性"面板,设置参数如图2-67所示。选中第81帧,按【F6】键,在该帧上插入关键帧,在舞台窗口中选中该实例,打开L实例的"属性"面板,设置参数如图2-68所示。选中第74帧,右击,在弹出的快捷菜单中选择"创建传统补间"命令,生成传统补间动画。

图 2-67　L 实例第 74 帧参数

图 2-68　L 实例第 81 帧参数

（7）选择O图层的第1帧，按住鼠标左键，将鼠标指针移动到该图层第74帧，将该关键帧移动到第74帧。在舞台窗口中选中O实例，打开O实例的"属性"面板，设置参数如图2-69所示。选中第81帧，按【F6】键，在该帧上插入关键帧，在舞台窗口中选中该实例，打开O实例的"属性"面板，设置参数如图2-70所示。选中第74帧，右击，在弹出的快捷菜单中选择"创建传统补间"命令，生成传统补间动画。

图 2-69　O 实例第 74 帧参数

图 2-70　O 实例第 81 帧参数

（8）选择V图层的第1帧，按住鼠标左键，将鼠标指针移动到该图层第81帧，将该关键帧移动到第81帧。在舞台窗口中选中V实例，打开V实例的"属性"面板，设置参数如图2-71所示。选中第88帧，按【F6】键，在该帧上插入关键帧，在舞台窗口中选中该实例，打开V实例的"属性"面板，设置参数如图2-72所示。选中第81帧，右击，在弹出的快捷菜单中选择"创建传统补间"命令，生成传统补间动画。

图 2-71　V 实例第 81 帧参数

图 2-72　V 实例第 88 帧参数

（9）选择E图层的第1帧，按住鼠标左键，将鼠标指针移动到该图层第88帧，将该关键帧移动到第88帧。在舞台窗口中选中E实例，打开E实例的"属性"面板，设置参数如图2-73所示。选中第95帧，按【F6】键，在该帧上插入关键帧，在舞台窗口中选中该实例，打开E实例的"属性"面板，设置参数如图2-74所示。选中第88帧，右击，在弹出的快捷菜单中选择"创建传统补间"命令，生成传统补间动画。

图 2-73　E 实例第 88 帧参数

图 2-74　E 实例第 95 帧参数

（10）单击"时间轴"面板下方的"插入图层"按钮，创建新图层并将其命名为"戒指动画"，选中第99帧，按【F6】键，在该帧上插入关键帧，将"库"面板中的戒指图形元件拖动到舞台窗口中,在舞台窗口中选择"戒指"实例,打开戒指实例的"属性"面板,设置参数如图2-75所示。选中第109帧,按【F6】键,在该帧上插入关键帧,在舞台窗口中选择戒指实例,打开戒指实例的"属性"面板,设置参数如图2-76所示。选中第99帧,右击,在弹出的快捷菜单中选择"创建传统补间"命令,生成传统补间动画。

图 2-75 戒指第 99 帧参数　　　　图 2-76 戒指第 109 帧参数

（11）单击"时间轴"面板下方的"插入图层"按钮,创建新图层并将其命名为"星星动画",选中第112帧,按【F6】键,在该帧上插入关键帧,将"库"面板中的"星星动画"影片剪辑元件拖动到舞台窗口中,选择"选择工具",在舞台窗口中适当调整实例的位置,如图2-77所示。

图 2-77 星星动画位置

（12）单击"时间轴"面板下方的"插入图层"按钮,创建新图层并将其命名为"文字",选中第120帧,按【F6】键,在该帧上插入关键帧,将"库"面板中的"This life with you soon"图形元件拖动到舞台窗口中,打开该实例的"属性"面板,设置参数如图2-78所示。

（13）选中第133帧,按【F6】键,在该帧上插入关键帧,在舞台窗口中选择文字实例,打开该实例的"属性"面板,设置参数如图2-79所示。选中第138帧,按【F6】键,在该帧上插入关键帧,在舞台窗口中选择文字实例,打开该实例的"属性"面板,设置参数如图2-80所示。选中第143帧,按【F6】键,在该帧上插入关键帧,在舞台窗口中选择文字实例,打开该实例的"属性"面板,设置参数如图2-81所示。选中第147帧,按【F6】键,在该帧上插入关键帧,在舞台窗口中选择文字实例,打开该实例的"属性"面板,设置参数如图2-82所示。

图 2-78 第 120 帧参数　　　　图 2-79 第 133 帧参数

二维动画设计与制作

图 2-80　第 138 帧参数

图 2-81　第 143 帧参数

图 2-82　第 147 帧参数

（14）选中第120帧、133帧、138帧和143帧，右击，在弹出的快捷菜单中选择"创建传统补间"命令，生成传统补间动画。在"时间轴"面板中，选中除"文字"图层以外的其他图层的第147帧，按【F5】键，在该帧上插入普通帧。

（15）新建图层"音乐"，将"库"面板中的1.mp3拖入舞台窗口中。

（16）新建图层Actions，在该层的第147帧，输入stop( )语句。

（17）首饰广告动画效果制作完成，按【Ctrl+Enter】组合键即可查看效果，如图2-83所示。

图 2-83　"钻戒广告"效果

项目总结

通过本项目的学习，使同学们掌握"变形"面板的使用方法与技巧，掌握传统补间动画、形状补间动画的特点及创作技巧，创作出丰富多彩的强烈吸睛的动画效果，能够熟练使用编辑封套功能完成声音的编辑，视听效果完美，相信大家通过该项目制作，能够掌握动画创作的核心技法与技巧，对宣传广告创作能游刃有余。

项目实训

拓展能力训练项目——游戏广告

➢ 项目任务

设计制作游戏广告。

➢ 客户要求

以"游戏广告"为主题,设计大小为550×300像素,帧频为24帧的游戏广告,以吸引玩家眼球,将此款游戏推广出去。

➢ 关键技术

游戏角色人物,具有较强的艺术感。

动画节奏及时间控制。

画面切换灵活自然。

➢ 参照效果图

游戏广告的最终制作效果,如图2-84所示。

图2-84 游戏广告效果

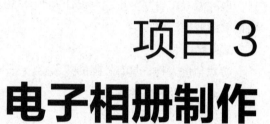

项目 3
电子相册制作

项目导入

电子相册保存方便、画面唯美,是记录幸福时光、保留美好回忆、表达对生活无限热爱的最佳选择。灵犀文化传媒有限公司接到电子相册创作订单,客户要求电子相册风景迷人,画面亮丽明快,动画节奏舒缓甜美,能够通过按钮控制播放唯美风景照片。

学习目标

1. 掌握色彩效果属性面板参数设定,学生能够独立完成动画的淡入淡出效果。
2. 掌握帧、"时间轴"面板及图层的使用方法,在教师的指导下学生能够完成场景动画创作,展现作品的创新性、高阶性与挑战性。
3. 掌握元件的创建及使用技巧,学生能够独立完成影片剪辑元件、图形元件及按钮元件的动画制作,充分体现元件动画创作的主动性、积极性、创新性。
4. 掌握传统补间动画、补间动画及遮罩动画的创作方法与技巧,学生能够独立完成动画创作。
5. 掌握"动作"面板的使用方法,学生能够编辑脚本语言完成动画的交互控制。
6. 掌握动画的测试方法,学生在教师的指导下,能够充分发挥团队合作精神与应变能力,完成动画测试并成功播放。

项目实施

任务一 风景相册制作

任务解析

根据给定的素材,完成具有强烈的视觉冲击力的风景照片创作,使学生掌握三种元件的制作方法与技巧,完成其动画创作;掌握补间动画、遮罩动画及脚本语言的创作方法与技巧,完成场景动画创作；学会设定属性面板参数完成动画淡入淡出效果，最终提交*.fla动画文件达到视频文件所示效果。

动 画

风景相册

一、图层的类型

在制作Animate CC动画的过程中，需要使用不同类型的图层，如制作"遮罩动画"，就要创建遮罩和被遮罩图层。默认是一个名为"图层1"的普通图层，随着动画制作的过程，可以添加新的图层或修改图层的名称和位置，如图3-1所示。

图 3-1　图层的类型

在"时间轴"面板中有6种图层类型的图层控制区，包括"图层文件夹""普通图层""遮罩图层""被遮罩图层""引导图层"和"被引导图层"。

> **提示**
> 1.图层可以看成一摞透明的纸，如果图层上没有任何信息，就可以透过它直接看到下一层，如果上面的图层里有图像则会遮挡下一层的图像信息。
> 2.图层的数目会受电脑内在的限制，图层的增加不会影响Flash最终输出文件的大小。

二、设置图层属性

选中一个图层，右击，在弹出的快捷菜单中选择"属性"命令，弹出"图层属性"对话框。或者选择"修改"|"时间轴"|"图层属性"命令，弹出"图层属性"对话框，如图3-2所示。其中

各选项作用如下。

"名称"文本框：为该图层命名。

"显示"复选框：选中该复选框后，表示该层处于显示状态，否则处于隐藏状态。

"锁定"复选框：选中该复选框后，表示该层处于锁定状态，否则处于解锁状态。

"类型"选项组：利用该选项组中的单选按钮，可以用来确定选定图层的类型。

"轮廓颜色"按钮：单击该按钮，调出"颜色"面板，可以设定在以轮廓线显示图层对象时轮廓线的颜色，如图3-3所示。它仅在"将图层视为轮廓"复选框被选中时有效。

"将图层视为轮廓"复选框：选中该复选框后，将以轮廓线方式显示该图层内的对象。

"图层高度"下拉列表框：用来选择一种百分数，在"时间轴"面板中可以改变图层帧。

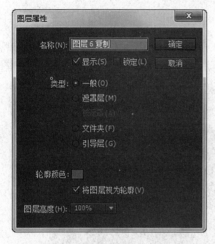

图3-2 "图层属性"对话框

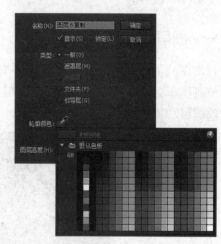

图3-3 轮廓颜色

三、绘图纸外观

一般情况下，Animate CC的舞台只能显示当前帧中的对象。如果希望在舞台上出现多帧对象以帮助当前帧对象的定位和编辑，Animate CC提供的绘图纸功能可以将其实现。

"绘图纸外观"按钮：单击此按钮，"时间轴"标尺上出现绘图纸的标记显示，如图3-4所示。在标记范围内的帧上的对象将同时显示在舞台中，如图3-5所示。

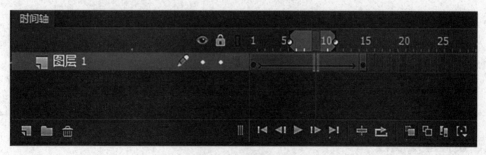

图3-4 绘图纸外观

项目3 电子相册制作 49

图3-5 绘图纸外观效果

1. 导入图片

（1）选择"文件"|"新建"命令，在弹出的"新建文档"对话框中选择ActionScript 3.0，单击"确定"按钮，进入新建文档舞台窗口。按【Ctrl+F3】组合键，弹出"属性"面板，单击"大小"右侧的"编辑"按钮，弹出"文档设置"对话框，将舞台宽度设为800像素，高度设为450像素，将背景颜色设为"白色"（#FFFFFF），如图3-6所示。

图3-6 文档属性设置图

（2）选择"文件"|"导入"|"导入到库"命令，在弹出的"导入到库"对话框中选择"素材、婚纱相册"文件夹下的所有文件，单击"打开"按钮，这些图片都被导入"库"面板中，如图3-7所示。

图3-7 "库"面板

2. 作照片图形元件

（1）按【Ctrl+F8】组合键，弹出"创建新元件"对话框，在"名称"文本框中输入"照片"，在"类型"下拉列表中选择"图形"类型，单击"确定"按钮，创建"照片"图形元件，舞台窗口也同时转换为该元件的舞台窗口。

（2）分别将"库"面板中的图片"1"、"2"、"3"、"4"、"5"、"6"拖动到舞台窗口中，并放置在同一高度，调出其"属性"面板，将所有照片的Y选项设为-60，X选项保持不变。选择"选择工具"，按住【Shift】键的同时选中所有照片，按【Ctrl+K】组合键，调出"对齐"面板，单击"水平平均间隔"命令，效果如图3-8所示。

图3-8 照片元件

（3）按【Alt+Shift+F9】组合键，调出"颜色"面板，将"填充色"设为"黑色"，Alpha选项设为50%，如图3-9所示。选择"矩形工具"，在工具箱中将"笔触颜色"设为"无"，在舞台中绘制一个矩形，将其放置到照片的下方，效果如图3-10所示。

图3-9 "颜色"面板

图3-10 设置矩形

3. 进入场景制作相册

（1）选中"图层1"，将其重新命名为"底图"，使用"选择工具"将"底图"图片拖入至舞台窗口，按【Ctrl+K】组合键，调出"对齐"面板，选中"与舞台对齐"单选按钮，然后单击"水平中齐""垂直中齐""匹配宽度""匹配高度"4个图标，使图片与舞台大小相符合，效果如图3-11所示。选中"底图"图层的第250帧，按【F5】键，插入普通帧。

图3-11 底图

（2）单击"时间轴"面板下方的"新建图层"按钮，创建新图层，并将其命名为"照片"。选中"照片"图层的第1帧，按【F6】键，插入关键帧。将"库"面板中的"照片"图形元件拖动到舞台窗口的左边外侧，效果如图3-12所示。

图3-12 照片在窗口左边

（3）选中"照片"图层的第250帧，按【F6】键，插入关键帧。按住【Shift】键的同时，将"照片"实例水平拖动到舞台窗口的右边外侧，效果如图3-13所示。右击"照片"图层的第2帧，在弹出的快捷菜单中选择"创建传统补间"命令，生成动画效果。

图 3-13 照片在窗口右边

（4）在"时间轴"面板中创建新图层，并将其命名为"遮罩"。选中"遮罩"层的第1帧，按【F6】键，插入关键帧。选择"矩形工具"，按【Ctrl+F3】组合键，打开"属性"面板，将"笔触颜色"设为"白色"，"笔触高度"设为5，将"填充颜色"设为"灰色"（#666666），在舞台窗口绘制一个矩形。选中"任意变形工具"，将其调整到与照片实例等高，并放置到舞台窗口中下方，选择"选择工具"，按住【Shift+Alt】组合键的同时，将矩形水平向左拖动，进行复制。使用相同的方法再次向右拖动矩形进行复制，效果如图3-14所示。

图 3-14 复制矩形

（5）右击"遮罩"图层的名称，在弹出的快捷菜单中选择"遮罩层"命令，将图层转换为遮罩层，如图3-15所示。在"遮罩"图层中单击"锁定/解除锁定所有图层"按钮，锁定"遮罩"图层。

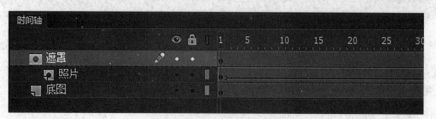

图 3-15 创建遮罩效果

（6）单击"时间轴"面板下方的"新建图层"按钮，创建新图层，并将其命名为"白框"。选择"线条工具"，在"属性"面板中将"笔触颜色"设为"白色"，"笔触高度"设为2，按住【Shift】键分别在舞台窗口中绘制一条垂直线段和一条水平线段，如图3-16所示。选中水平线段的同时，按住【Shift+Alt】组合键，向下拖动线段，复制出一条新水平线段，并将其放置在竖直线段的下端，效果如图3-17所示。使用"选择工具"同时选中3条线段，按【Ctrl+G】组合键组合线段。

图3-16　绘制水平与垂直直线　　　　图3-17　复制水平直线

（7）选中组合线段，按住【Alt】键的同时，将其向外侧拖动进行复制，共复制3次。选中任意两个组合线段，选择"修改"|"变形"|"水平翻转"命令，将其水平翻转。将组合线段分别放置到与舞台窗口中的灰色矩形边框重合的位置，效果如图3-18所示。

图3-18　直线效果

（8）选中"照片"图层的第250帧，同前，选择菜单"窗口"|"动作"命令，弹出"动作"面板，输入Stop( )命令，如图3-19所示。

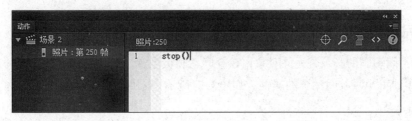

图3-19　stop命令

（9）在"时间轴"面板中创建新图层，并将其命名为"声音"。将"库"面板中的声音文件"背景音乐"拖动到舞台窗口中。按【Ctrl+Enter】组合键测试影片最终效果，如图3-20所示。

图 3-20　最终效果

任务二　宝宝相册制作

任务解析

根据给定的素材，完成突显宝宝灵动可爱的瞬间，永保宝宝珍贵童年的相册创作，使学生能够使用"矩形工具"完成形状绘制；使用"任意变形工具"完成形状变形；使用脚本语言完成交互控制；学会熟练使用补间动画及遮罩动画完成照片的多种动画展示效果，最终提交*.fla动画文件，达到视频文件所示效果。

动　画

宝宝相册

知识链接

一、补间动画的属性设置

用来制作补间动画的必须是元件对象，在补间动画被设置之后，选择进行补间的首关键帧，在"属性"面板中即可出现补间动画的属性，如图3-21所示。下面我们来认识一下这些属性所代表的功能。

图 3-21 补间动画的属性

在"名称"文本框中可输入补间动画的名称，该名称将会显示在关键帧的位置上，在制作较复杂的动画时便于我们识别每个图层的内容。

"缓动"数值框用来控制补间动画的匀、变速状态，其默认值为0，动画为匀速运动，输入1~100的正值时，动画的运动由快到慢，做减速运动，数值旁显示"输出"；输入-1~-100的负值时，动画的运动由慢到快，做加速运动，数值旁显示"输入"。

单击"缓动"右侧的按钮，会弹出"自定义缓入/缓出"对话框，可以通过调节动画曲线的方式设置匀、变速效果，其横坐标的数值代表关键帧，纵坐标的百分比数值代表对象的运动幅度。在匀速、减速、加速状态下的曲线形状如图3-22所示。

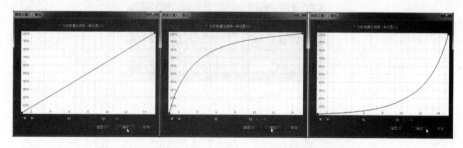

图 3-22 动画在匀速、减速、加速状态下的曲线形状

"旋转"用来设置对象的旋转，其下拉列表中包括"无""自动""顺时针""逆时针"4个选项，当我们选择"顺时针"或"逆时针"选项时，可在右侧输入数值控制旋转的圈数。

"贴紧"复选框，选中后可使对象在沿路径运动时自动捕捉路径。

"调整到路径"复选框，选中后可使对象在沿路径运动的情况下，随着路径的改变而改变自身角度。

"同步"复选框，选中后可使动画在舞台中首尾循环播放。

"缩放"复选框，选中后可使对象在运动时按比例进行缩放。

二、遮罩层的创建

在Animate CC中创建遮罩层，可以通过菜单命令或改变图层属性来实现。

在图层上右击，在弹出的快捷菜单中选择"遮罩层"命令，则该图层变为遮罩层，如图3-23所示，其下方的图层变为被遮罩层，以缩进方式显示。

选中图层，右击，在弹出的快捷菜单中选择"属性"命令，弹出"图层属性"对话框，如图3-24所示。在"类型"选项组中选择"遮罩层"选项，则该图层变为遮罩层，之后选中要作为被遮层的图层，按住鼠标左键将其拖动至遮罩层内即可，创建成功被遮层会以缩进方式显示。

图3-23 选择"遮罩层"命令

图3-24 在"图层属性"对话框中选择"遮罩层"

任务实施

1.创建新文件

（1）新建一个Flash文档，大小为763×574像素，并将文件保存为"宝宝相册"，"属性"面板如图3-25所示。

微 课

宝宝相册制作

图3-25 文档属性

（2）选择"文件"|"导入"|"导入到库"命令，将所有素材导入库中，"库"面板如图3-26所示。

图3-26 "库"面板

2.进入场景制作相册

（1）将"图层1"命名为"背景"。将"库"面板中的"背景"图片拖入舞台中，并调整好大小，在该图层的第104帧，按【F5】键插入帧，效果如图3-27所示。

图3-27 舞台窗口

（2）新建图层并将其命名为"图1"，将"库"面板中的"11.png"拖入舞台中，并调整好位置，在该图层的第104帧，按【F5】键插入帧，效果如图3-28所示。

图3-28 图1效果

（3）新建图层并将其命名为"图2"，选择第36帧，右击，插入空白关键帧，将"库"面板中的"13.png"拖入舞台中，并按【F8】键将其转换为图形元件，调整好位置，其舞台效果如图3-29所示。

图 3-29 图片 2 舞台效果

（4）选择该图层第36帧，右击，在弹出的快捷菜单中选择"创建补间动画"命令，此时"图2"图层会变为蓝绿色，选择第52帧和第68帧创建关键帧，如图3-30所示，在该图层的第104帧，按【F5】键插入帧。

图 3-30 时间轴

（5）选择该图层中第36帧中的元件，打开"属性"面板。在"属性"面板中找到"色彩效果"选项组，在"样式"下拉列表中选择Alpha，并将数值调整为0%，如图3-31所示。添加"色彩效果"后舞台中的元件变为完全透明。选择第68帧，执行与第36帧同样的操作。

图 3-31 "属性"面板

（6）新建图层并将其命名为"遮罩1"，选择第36帧，绘制如图3-32所示的矩形，并按【F8】键将其转换为图形元件，选择该图层的第68帧，按【F6】键插入关键帧，使用工具箱中的"任意变形工具"，对矩形进行放大并将图2完全遮盖住，如图3-33所示。右击，从快捷菜单中选择"创建传统补间"命令。

图 3-32 矩形

图 3-33 矩形放大

（7）在该图层的第104帧，按【F5】键插入帧。在这一层中将矩形元件作为遮罩层，就能得到一个逐渐显现图片的渐变动画。在"遮罩1"图层上右击，在弹出的快捷菜单中选择"遮罩层"命令。转化为遮罩层后，遮罩层和被遮罩层的标志也会随之改变，如图3-34所示。

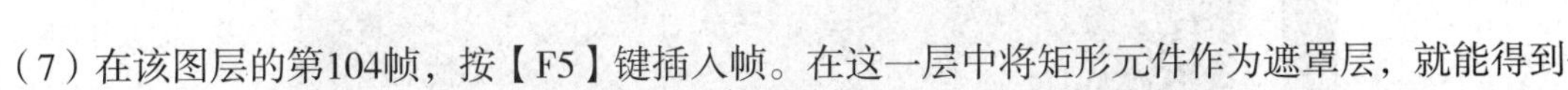

图 3-34 遮罩层与被遮罩层

（8）新建图层并将其命名为"图3"，选择第68帧，右击，插入空白关键帧，将"库"面板中的"12.png"拖入舞台中，并调整好位置，其舞台效果如图3-35所示，在该图层的第104帧，按【F5】键插入帧。

图 3-35 图片 3 舞台效果

（9）新建图层并将其命名为"遮罩2"，选择第68帧，右击，插入空白关键帧，使用工具箱中的"矩形工具"在左侧绘制一个细长的矩形，按F8键将其转换为图形元件，并调整好位置，其舞台效果如图3-36所示。在第104帧右击，选择快捷菜单中的"创建补间动画"命令，选择第104帧，使用工具箱中的"任意变形工具"，调整细长矩形使其覆盖整个窗口，如图3-37所示。

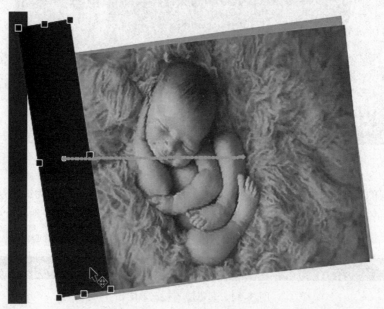

图 3-36 绘制一个细长的矩形

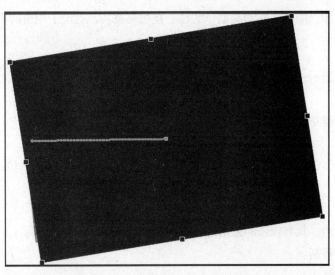

图 3-37　调整细长矩形使其覆盖整个窗口

（10）在"遮罩2"层上右击，从弹出的快捷菜单中选择"遮罩层"命令，为其创建渐变的动画效果。

（11）新建图层并将其命名为"音乐"，将音乐拖入舞台窗口，在"属性"面板中设置"同步"为"数据流"，如图3-38所示。

图 3-38　声音属性

（12）新建图层并将其命名为"脚本"，选择第104帧并右击，从弹出的快捷菜单中选择"动作"命令，输入stop( )命令，如图3-39所示。按【Ctrl+Enter】组合键即可查看效果。

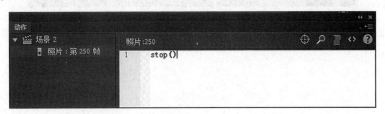

图 3-39　stop 命令

项目总结

通过本项目的学习，使同学们掌握"文本工具""矩形工具"及"任意变形工具"等的使用技巧，掌握补间动画及遮罩动画的创作方法及属性设定，能够运用脚本语言实现动画的交互控制，相信大家通过该项目制作,能够掌握动画创作的核心技法与技巧,对电子相册的创作能够得心应手。

项目实训

拓展能力训练项目——绚丽的鲜花相册。

➢项目任务

设计制作绚丽的鲜花电子相册。

➢客户要求

以"绚丽的鲜花"为主题,设计大小为763×576像素,分辨率为96像素/英寸的电子相册,以展示美丽动人的花朵。

➢关键技术

鲜花选取角度恰当,具有较强的艺术感。

动画节奏及时间控制。

绘图工具的灵活使用。

➢参照效果图

绚丽的鲜花相册的最终制作效果,如图3-40所示。

图3-40 绚丽的鲜花相册

项目 4
MV 制作

项目导入

好的MV（Music Video）就像一部被分割为模糊片断的让人留恋的电影，它不是很细腻地去表达故事情节，而是通过简单片断来表达大概内容，正是如此使它独具魅力，营造出无限的想象空间，倍受人们喜爱。

灵犀文化传媒有限公司接到MV创作订单，客户要求完成情景交融，以画面意境及故事情节来设置相应的镜头，有按钮控制播放的MV动画。相信大家通过该项目的演练，能够对MV创作得心应手。

学习目标

1.掌握音频的导入方法，学生能够完成音频的编辑封套及其属性的设定。

2.掌握帧、"时间轴"面板及图层的使用方法，在教师的指导下学生能够完成场景动画创作，展现作品的创新性、高阶性与挑战性。

3.掌握元件的创建及使用技巧，学生能够独立完成按钮元件、影片剪辑元件、图形元件的动画制作，充分体现元件动画创作的主动性、积极性、创新性。

4.掌握遮罩动画、补间动画的创作方法及使用技巧，学生能够完成MV镜头动画创作。

5.掌握"动作"面板的使用方法，学生能够编辑脚本语言完成MV播放的交互控制。

6.掌握动画的测试方法，学生在教师的指导下，能够充分发挥团队合作精神与应变能力，完成动画测试并成功播放。

项目实施

任务一　蜗牛与黄鹂鸟 MV 制作

任务解析

根据给定的素材，完成情景交融带有播放按钮的MV动画创作，使学生掌握工具箱中基本工具的使用方法，完成人物及场景创作；使学生掌握声音的导入及编辑方法，完成MV动画的情景交融效果；掌握遮罩动画、补间动画及脚本语言的创作方法与技巧，完成场景动画创作；学会用按钮元件、图形元件及影片剪辑元件创作动画，最终提交*.fla动画文件达到视频文件所示效果。

动　画

蜗牛与黄鹂鸟

知识链接

一、变量

1. 变量的定义

变量是为了存储数据而创建的。变量就像是一个容器，用于容纳各种不同类型的数据。当然对变量进行操作，变量的数据就会发生改变。

变量必须要先声明后使用，否则编译器就会报错。例如，现在要去喝水，那么首先要有一个杯子，否则怎么样去装水呢？要声明变量的原因与此相同。

2. 变量命名规则

变量的命名既是任意的，又是有规则的。变量的命名首先要遵循下面的几条原则。

（1）它必须是一个标识符。第一个字符必须是字母、下画线（_）或美元记号（$）。其后的字符必须是字母、数字、下画线或美元记号。不能使用数字作为变量名称的第一个字符。

（2）它不能使用关键字或动作脚本文本，如true、false、null或undefined。特别不能使用ActionScript 3.0的保留字，否则编译器会报错。它在其范围内必须是唯一的，不能重复定义。

3. 变量类型

在使用变量之前，应先指定存储数据的类型，"数值类型"将对变量产生影响。

在Flash中，系统会在给变量赋值时自动确定变量的数据类型。

字符串变量：该变量主要用于保存特定的文本信息，如姓名。

对象性变量：用于存储对象型的数据。

逻辑变量：用于判定指定的条件是否成立。
数值型变量：一般用于存储特定的数值，如日期、年龄。
电影片段变量：用于存储电影片段类型的数据。
未定义型变量：当一个变量没有赋予任何值的时候，即为未定义型变量。

4. 变量的作用域

变量的作用域是指变量能被识别和应用的区域。根据变量的作用可以将它分为全局变量和局部变量。

（1）全局变量

全局变量是指在代码的所有区域中定义的变量。全局变量在函数定义的内部和外部均可使用。

例如：

```
var cj: String="ahxhnet";
Function test()
{
    trace(cj);
}
//cj是在函数外部声明的全局变量
```

（2）局部变量

局部变量是指仅在代码的某部分定义的变量。在函数内部声明的局部变量仅存在于该函数中。

例如：

```
Function localScope()
{
    var cj1: String="local";
}
//cj1是在函数外部声明的局部变量
```

二、鼠标事件

鼠标事件即鼠标与用户的交互。而与鼠标交互所发出的事件是鼠标事件对象，属于MouseEvent类。鼠标事件共有10种，如下所示。

单击：MouseEvent.click（单击）
　　　MouseEvent.double_click（双击）
按键状态：MouseEvent.mouse_down
　　　　　MouseEvent.mouse_up
鼠标悬停或移开：MouseEvent.mouse_over
　　　　　　　　MouseEvent.mouse_out
　　　　　　　　MouseEvent.roll_over
　　　　　　　　MouseEvent.roll_out
鼠标移动：MouseEvent.mouse_move。

鼠标滚轮：MouseEvent.mouse_wheel。

这10种事件中，除了roll_over和roll_out以外，其余都是可以冒泡的。鼠标事件对象大同小异。鼠标事件对象拥有一系列非常实用的实例属性。除去不太常用的delta属性和related Object属性，剩下的属性可以分为两类。

当前鼠标的坐标：相对坐标local X、local Y；舞台坐标stage X、stage Y。

相关按键是否按下，Boolean类型；alt key、ctrl key、shift key、button down鼠标主键，一般情况为左键。

在ActionScrip 3.0中，这些鼠标事件对象（MouseEvent对象）实用的属性给编程省去了许多麻烦。例如，提供了事件发生时的鼠标坐标，而且既提供了舞台坐标，也提供了相对父容器的坐标，让我们按需选择，不要多余的坐标转换。

三、关键帧事件

将动作脚本添加到关键帧上时，只需选中关键帧，然后在"动作"面板中输入相关动作脚本即可，添加动作脚本后的关键帧会在上面出现一个α符号。

四、影片剪辑事件

在"影片剪辑"和"按钮"实例上添加动作脚本时，需要选择"选择工具"，选中舞台上的实例，然后在"动作"面板中为其添加脚本。

要控制动画播放，为相关对象取一个名称是必需的，然后还要确定他们的位置，即路径，这样才能明确动作脚本是设置给谁的。

1. 实例名称

这里所指的实例包括"影片剪辑实例""按钮元件实例""视频剪辑实例""动态文本实例"和"输入文本实例"，它们是Flash动作脚本面板的对象。

要定义实例的名称，只需使用"选择工具"选中舞台上的实例，然后在"属性"面板中输入名称即可，如果4-1所示。

图4-1 实例的"属性"面板

2. 绝对路径

使用绝对路径时，不论在哪个影片剪辑中进行操作，都是从场景的时间轴出发，到影片剪辑实例，再到下一级的影片剪辑实例，一层一层地往下寻找，每个影片剪辑实例之间用"."分开。

3. 相对路径

相对路径是以当前实例为出发点，来确定其他实例的位置。

> **提示**
>
> 在ActionScript 3.0中,将不能再对影片剪辑对象和按钮直接添加脚本,只能在帧上或外部AS文件中添加脚本控制各对象。

任务实施

1. 导入图片

(1)选择"文件"|"新建"命令,在弹出的"新建文档"对话框中选择ActionScript 3.0,单击"确定"按钮,进入新建文档舞台窗口。按【Ctrl+F3】组合键,弹出"属性"面板,单击"大小"右侧的"编辑"按钮,弹出"文档设置"对话框,将舞台宽度设为550像素,高度设为300像素,将背景颜色设为"白色"(#FFFFFF),如图4-2所示。

(2)选择"文件"|"导入"|"导入到库"命令,在弹出的"导入到库"对话框中选择"素材、蜗牛与黄鹂鸟"文件夹下的所有文件,单击"打开"按钮,这些图片都被导入"库"面板中,如图4-3所示。

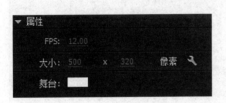

图4-2 文档属性设置图　　　　图4-3 "库"面板

2. 制作MV

(1)将"图层1"命名为"声音",在第1帧处添加声音"蜗牛与黄鹂鸟",在第504帧处插入帧。

(2)新建图层"框",并置于"声音"层下方,绘制图形并填充颜色,效果如图4-4所示。

图4-4 框

（3）新建图层"按钮"，并置于"框"图层下方，输入文字并添加滤镜，将其转换为按钮元件Play，元件及滤镜效果如图4-5和图4-6所示。

图4-5　元件Play

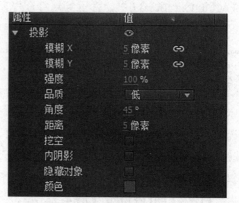

图4-6　滤镜设置

（4）编辑Play，在第2帧处插入关键帧，绘制图形并转为影片剪辑元件"蜗牛"，效果如图4-7所示。

（5）返回主场景，新建图层"片头"并置于按钮层下方，在第2帧处插入关键帧，绘制图形并转为影片剪辑元件"教室"，效果如图4-8所示。

图4-7　蜗牛

图4-8　教室

（6）在"片头"图层的第2帧处调整元件的位置，在第6、9、23、37、49帧插入关键帧，分别移动、放大、移动，在第2~6帧、9~23帧、37~49帧之间创建传统补间动画，效果分别如图4-9、图4-10和图4-11所示。

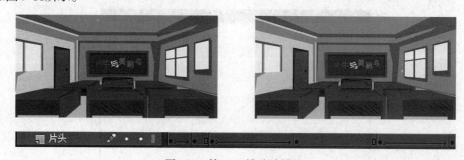

图4-9　第2~6帧移动效果

图 4-10 第 9~23 帧放大效果

图 4-11 第 37~49 帧移动效果

（7）在第53帧处插入空白关键帧，绘制图形并转换为影片剪辑元件"窗户"，效果如图4-12所示。

图 4-12 窗户

（8）编辑影片剪辑元件"窗户"，新建图层"树"，并置于"图层1"下方，绘制树并转换为影片剪辑元件"树"，添加"模糊"滤镜，效果如图4-13所示。

图 4-13 绘制树并添加"模糊"滤镜

（9）返回主场景，在"片头"层的第61、71帧处插入关键帧，在第71帧处将元件的Alpha值设置为20%，在第61~71帧之间，创建传统补间动画，如图4-14所示。

图4-14　Alpha值设置为20%

（10）在"片头"层的第72帧处插入空白关键帧，新建图层"树"，在第61帧处插入关键帧，将"树"拖至舞台。在第71、81、96帧处插入关键帧，在第61帧处将元件的Alpha值设置为0%，在第61~71帧之间创建传统补间动画，效果如图4-15所示。

图4-15　绘制水平与垂直直线

（11）在"树"层的第96帧处将元件缩小，在第71~96帧之间创建传统补间动画，效果如图4-16所示。

图4-16　树缩小

(12)新建影片剪辑元件"葡萄众",绘制葡萄,并转换为影片剪辑元件"葡萄",排列成串,设置"葡萄"的Alpha值为60%,如图4-17所示。编辑"葡萄众",在第3帧处插入关键帧,设置"葡萄"的Alpha为30%,返回主场景,新建图层"附加",在第103帧处插入关键帧,将"葡萄众"拖至舞台,效果如图4-18所示。

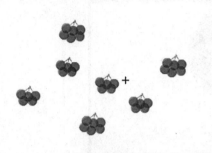
图4-17 葡萄

图4-18 将葡萄拖至舞台

(13)在第119帧处插入关键帧,删除"葡萄众",绘制"苗"并转换为影片剪辑元件"苗",效果如图4-19所示。在"附加"层的第119~141帧之间制作苗出现笑脸的动作,如图4-20所示。

图4-19 苗

图4-20 苗出现笑脸

(14)在第150帧处插入关键帧,绘制腮红,效果如图4-21所示。

图4-21 绘制腮红

（15）分别在"树""附加"层的第157帧处插入空白关键帧，在"附加"层的第157帧处绘制图形并转换为影片剪辑元件"壳"，效果如图4-22所示。在第171、182帧处插入关键帧，制作缩小、下移的动作，在第157~171、171~182帧之间创建传统补间动画，效果如图4-23所示。

图4-22 壳

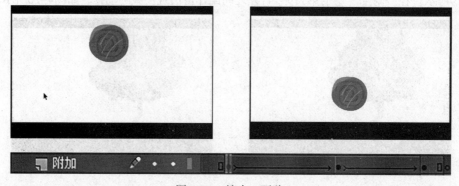

图4-23 缩小、下移

（16）新建图层"蜗牛"并置于"附加"层下方，在第182帧处插入关键帧并绘制图形，如图4-24所示。在第185帧处将"壳"剪切到此帧，并转换为影片剪辑元件"蜗牛"，在第196、206帧处插入关键帧，制作旋转、上移的动作，在第185~196、196~206帧之间创建传统补间动画，如图4-25所示。

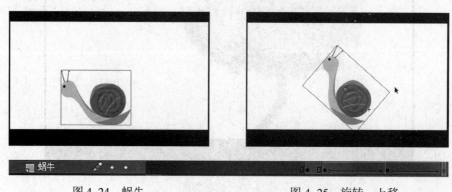

图4-24 蜗牛　　　　　　　图4-25 旋转、上移

（17）在"附加"层的第185帧处插入空白关键帧，编辑"蜗牛"，在第4帧处插入关键帧，将身体拉长，如图4-26所示。在"树"层的第191帧插入关键帧，将"树"拖至舞台，如图4-27所示。

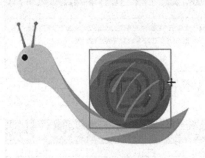

图4-26 蜗牛拉长身体

图4-27 将"树"拖至舞台

（18）在"蜗牛"层的第209帧处插入关键帧，在第209~218帧之间制作元件晃动的动作，如图4-28所示。在第221、232帧处插入关键帧，在第232帧处将元件上移，在第221~232帧之间创建传统补间动画，效果如图4-29所示。

图4-28 晃动

图4-29 蜗牛上移

（19）新建图层AS1，在第1帧处右击，在弹出的快捷菜单中选择"动作"命令，输入stop( )。在该层的第233帧处右击，在弹出的快捷菜单中选择"动作"命令，输入stop( )，如图4-30所示。

（20）新建图层AS2，在第1帧处右击，在弹出的快捷菜单中选择"动作"命令，输入如图4-31所示的命令，在该层的第233帧处右击，在

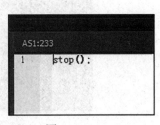

图4-30 stop()

弹出的快捷菜单中选择"动作"命令,输入如图4-32所示。

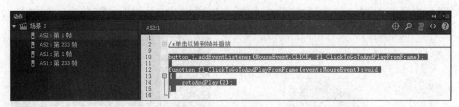

图 4-31 动作命令 1

图 4-32 动作命令 2

(21)各相关"时间轴"面板如图4-33所示。

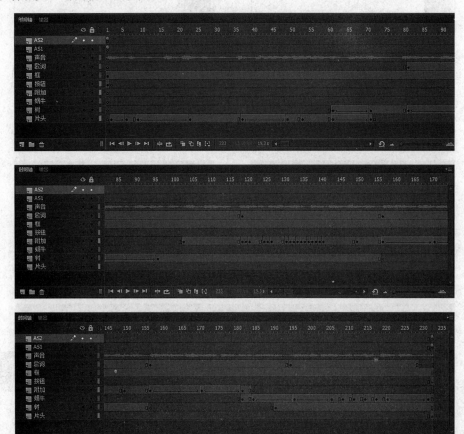

图 4-33 "时间轴"面板

任务二　英文歌曲 MV 制作

任务解析

根据给定的素材，完成人物与场景完美结合，音频与画面完美交融，带有按钮控制的MV动画创作，使学生掌握工具箱中基本工具的使用方法完成与歌词对应的镜头创作；使学生掌握声音编辑封套的方法及"属性"面板参数设置，完成MV音频编辑；掌握遮罩动画、补间动画及脚本语言的创作方法与技巧完成场景动画创作；学会用按钮元件、图形元件及影片剪辑元件创作动画，最终提交*.fla动画文件达到视频文件所示效果。

动　画

英文歌曲

知识链接

一、自定义函数基础

用户可以把执行自定义功能的一系列语句定义为一个函数。该函数可以有返回值，也可以从任意一个时间轴中调用它。

函数就像变量一样，被附加在定义它们的影片剪辑时间轴上。用户必须使用目标路径才能调用它们。此外，用户可以使用_global标示符声明一个全局函数，全局函数可以在所有时间轴中被调用，而且不必使用目标路径，这和变量很相似。

要定义全局函数，可以在函数名称前面加上标示符_global。

例如：

```
_global.myFunction=functiong(x){
    return(x*2)+3;
}
```

要定义时间轴函数，可以使用function动作，后接函数名、传递给该函数的参数，以及指示该函数功能的ActionScript语句。

例如：

```
function areaofCircle(radius){
    return Math.PI * radius * radius;
}
```

一旦定义了函数，就可以从任意一个时间轴中调用它。如果它包含详细的输入、输出等信息，那么使用该函数的用户就不需要太多理解它的内部工作原理了。

二、调用自定义函数

用户可以使用目标路径调用任意时间轴内的函数。如果函数是使用_global标示符声明的,则无须使用目标路径即可调用它。

要调用自定义函数,可以在目标路径中输入函数名称,有的自定义函数需要在括号内传递所有必需的参数。

例如,以下语句中,在时间轴上调用影片剪辑MathLib中的函数sqr(),其参数为3,最后把结果存储在变量temp中:

```
var temp=_root.MathLib.sqr(3);
```

在调用自定义函数时,可以使用绝对路径或相对路径。

(1)使用绝对路径调用函数

利用绝对路径调用initialize()函数,该函数是在场景的时间轴上定义的,不需要参数。

```
_root.initialize();
```

(2)使用相对路径调用函数

利用相对路径调用list()函数,该函数是在functionsClip影片剪辑中定义的。

```
_parent.functionsClip.list(6);
```

三、条件语句的使用

条件语句用于决定特定情况下才执行命令,或者针对不同的条件执行具体操作。ActionScript 3.0提供了3个基本条件语句。

1. if...else控制语句

if...else控制语句是一个判断语句。该语句的调用格式有如下3种。

(1)格式1:if(condition1){statement(s1);}

(2)格式2:if(condition1){statement(s1);}else{statement(s2);}

(3)格式3:if(condition1){statement(s1);}else if(condition2){statement(s2);}

其中参数condition1、condition2是计算结果为true或false的表达式;statement(s1)是在条件condition1的计算结果为true的情况下执行的语句,statement(s2)是在条件condition2的计算结果为true的情况下执行的语句。

2. if...else if 控制语句

if...else if 控制语句可以用来测试多个条件。

例如:下面的代码不仅测试x的值是否超过20,而且还测试x的值是否为负数。

```
if(x>20)
{
   trace("x is>20");
}
else if(x<0)
{
```

```
   trace("x is negative");
}
```

如果if或else语句后面只有一条语句，则无须大括号括起后面的语句。

例如：下面的代码不适用大括号。

```
if(x>0)
   trace("x is positive");
else if (x<0)
   trace("x is negative");
else
   trace("x is 0");
```

但是在实际编程过程中应尽量使用大括号，因为以后在缺少大括号的条件语句中添加语句时，可能会出现意外的行为。

例如：在下面的代码中，无论条件的计算结果是否为true，positiveNums的值总是按1递增。

```
var x:int;
var positiveNums:int = 0;
if(x>0)
   trace("x is positive");
positiveNums++;
trace(positiveNums);//1
```

3. switch...case控制语句

switch...case控制语句是多条件判断语句，也是创建ActionScript语句的分支结构。像if动作一样，switch动作测试一个条件，并在条件返回true值时执行语句。

switch...case控制语句调用格式如下。

```
switch(expression){
   caseClause:
   \[defaultClause:\]
}
```

其中各参数说明如下。

（1）expression为任何表达式。

（2）caseClause为一个case关键字，其后跟有一个表达式、冒号和一组语句，如果在使用全等（==）的情况下，此处的表达式与switch的expression参数相匹配，则执行这组语句。

（3）defaultClause为一个default关键字，其后跟有一组语句，如果case表达式都不与switch的expression参数全等（==）匹配时，将执行这些语句。

例如：在下面的代码中，如果number参数的计算结果为1，则执行case1后面的trace()动作；如果number参数的计算结果为2，则执行case2后面的trace()动作，依此类推；如果case表达式与number参数都不匹配，则执行default关键字后面的trace()动作。

```
switch (number){
```

```
case 1:
    trace("case 1 tested true");
    break;
case 2:
    trace("case 2 tested true");
    break;
case 3:
    trace("case 3 tested true");
    break;
default:
    trace("no case tested true")
}
```

在上面的代码中，几乎每一个case语句都有barek语句，用户在使用switch...case语句时，必须要明确barek语句的功能。

四、循环语句的使用

循环类的动作主要控制一个动作重复的次数，或是在特定的条件成立时重复动作。在Flash中，可以使用while、do...while、for和for...in动作创建循环。

1.while循环

如果用户要在条件成立时重复动作，可使用while语句。

while循环语句可以获得一个表达式的值，如果表达式的值为true，则执行循环体中的代码。在主体中的所有语句都执行之后，表达式将再次被取值。

2.do...while语句

使用do...while语句可以创建与while循环相同类型的循环。在do...while循环中，表达式在代码块的最后，这意味着程序将在执行代码块之后才会检查条件，所以无论条件是否满足循环都至少会执行一次。

> **提示**
> 1. do代码也就是要执行的命令，它的代码要用花括号括起来。
> 2. while代码结构是用小括号括起来，而不是花括号，这一点用户必须清楚，不能混淆。

任务实施

1. 准备工作

（1）新建Flash文档，舞台大小为640×460，帧频为12 fps，舞台背景设为白色，如图4-34所示，保存名为"英文歌曲MV制作.fla"。

图4-34 舞台"属性"面板设置

（2）将"素材、英文歌曲MV制作"文件夹下的所有图片文件和音乐文件导入库中。

2. 制作帧标签

（1）将"图层1"重命名为"歌曲"，并将歌曲导入舞台，延长帧到歌曲结束。

（2）新建图层"标签"，标签可以让我们非常清楚歌曲的进度，即每一句歌词的开始帧位置和结束帧位置。我们将每一句的歌曲开始处"打上"标签，对后面的创作起到提示作用。当然标签还有其他的用途，在这里我们用标签只是起到标识的作用。

（3）将播放头定位到第1帧，按【Enter】键，仔细听歌，在第一句歌词的开始前按【Enter】键停止，并在该帧处（175帧）右击，在弹出的快捷菜单中选择"插入空白关键帧"命令，选中这一帧，在"属性"面板中"标签"下的"名称"文本框中输入1try to remember the kind of September，即第一句歌词内容并在前面加上1，这样我们就会很清楚是第几句歌词以及歌词的内容；在"类型"下拉列表中选择"名称"，这时关键帧位置会有一个小红旗，然后是我们输入的帧名称；如果"类型"选择"注释"，帧名称前会有两个绿色的斜杠，相应的关键帧同样也是两个绿色的斜杠和帧名称；如果"类型"选择"锚记"，关键帧上会有船锚的标志。关于帧标签我们在这里不再细讲，这里引入帧标签只是起到标识的作用，我们默认"类型"为"名称"即可，如图4-35和图4-36所示。

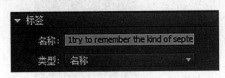

图 4-35　帧标签

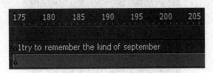

图 4-36　关键帧标签

（4）重复上述步骤，在每句歌词的开始帧处都添加帧标签。所有歌词及开始处的关键帧号如下：

1 try to remember the kind of september——175帧

2 when life was slow and oh so mellow——255帧

3 try to remember the kind of september——350帧

4 when grass was green and grain was yellow——430帧

5 try to remember the kind of september——525帧

6 when you were a tender and a callow fellow——610帧

7 try to remember and it you remember——700帧

8 then follow follow, oh-oh——785帧

9 try to remember when life was so tender——875帧

10 that no one wept except the willow——955帧

11 try to remember the kind of september——1 050帧

12 when love was an ember about to billow——1 130帧

13 try to remember and if you remember——1 220帧

14 then follow-follow, oh-oh——1 300帧

15 deep in december it's nice to remember——1 415帧

16 although you know the snow will follow——1 500帧

17 deep in december it's nice to remember——1 585帧

18 the fire of september that made us mellow——1 665帧

19 deep in december our hearts should remember——1 755帧

20 and follow-follow，oh-oh——1 835帧

3. 制作歌词文本

（1）新建图形元件"歌词1"，选择"文本工具"，将"属性"设置为"传统文本"，"文本类型"设置为"静态文本"，"系列"设置为Blackadder ITC，"大小"设置为40磅，"颜色"设置为"白色"，如图4-37所示。

（2）输入或者复制第一句歌词，完成第一句歌词元件的制作，效果如图4-38所示（这里为了突出歌词元件效果，临时将舞台背景设置为黑色）。

图4-37 歌词文本属性

图4-38 元件"歌词1"

（3）重复上述步骤，将20句歌词都制作成图形元件。

4. 制作字幕

（1）新建图层"字幕"，新建图形元件"字幕"，制作字幕背景，使用"矩形工具"，绘制宽640、高100，"笔触颜色"为"无"，"填充颜色"为"黑色"的矩形，并将其2次拖动到"字幕"图层，分别放置在舞台的上边和下边（使用"对齐"面板对齐），如图4-39所示。

图4-39 字幕背景

（2）新建图层"歌词"，在"歌词"图层上与"标签"图层的对应关键帧处插入空白关键帧。

（3）选择"歌词"图层的第175帧，即第一句歌词开始处的空白关键帧，将图形元件"歌词

1"拖入舞台,放置在舞台的下方字幕图层的黑色矩形上,选中该元件,按【Ctrl+K】组合键,调出"对齐"面板,选中"对齐/相对舞台分布"单选按钮,然后单击"水平中齐"按钮,如图4-40所示。

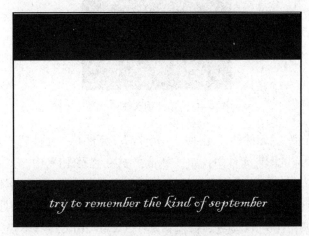

图 4-40 字幕效果

(4)在第175~255帧之间任意帧位置(即第一句歌词和第二句歌词之间)处右击,在弹出的快捷菜单中选择"创建补间动画"命令,在第175帧及第255帧处选择舞台上的元件"歌词1",设置"属性"中的"色彩效果"下的Alpha值为0,在第220帧处选择该元件,设置"属性"中的"色彩效果"下的Alpha值为100,完成歌词元件淡入淡出效果,如图4-41和图4-42所示。

图 4-41 第 175 帧及 255 帧处元件"歌词 1"的 Alpha 属性

图 4-42 第 220 帧处元件"歌词 1"的 Alpha 属性

(5)依此类推,按照步骤(3)、步骤(4),完成每一句歌词的出现效果。

(6)在最后一帧2058帧处右击,在弹出的快捷菜单中选择"插入关键帧"命令,再右击,在弹出的快捷菜单中选择"动作"命令,在弹出的窗口中输入代码:

```
stop();
```

5. 制作动画

(1)新建6个图层:"镜头1""镜头2""镜头3""镜头4""镜头5""镜头6",如图4-43所示。

图 4-43　新建镜头 1-6 图层

（2）新建6个图形元件："元件1""元件2""元件3""元件4""元件5""元件6"，分别将导入库中的6个图片素材放到对应的图形元件中，如："1.jpg"放在"元件1"中。

（3）在图层"镜头1"第1帧，将图形元件"元件1"拖入舞台，在第229帧处结束；第1帧"元件1"X为-108.65，Y为49.90；第2帧插入关键帧，并创建补间动画；在第40帧处，将"元件1"做下移操作，X不变，Y为98.90；在第100帧处，做左移操作，X为-261.65，Y不变，如图4-44所示；在第190帧处，将"元件1"的Alpha值设为100；在第229帧处，将"元件1"的Alpha值设为0。

图 4-44　第 1、40、100 帧处坐标设定

（4）在图层"镜头2"第190帧处插入关键帧，将图形元件"元件2"拖入舞台，在第520帧处结束；第190帧"元件2"X为-0.65，Y为-302，创建补间动画，将"元件2"的Alpha值设为0；在第229帧处，将"元件2"的Alpha值设为100；在第277帧处，右击，从弹出的快捷菜单中选择"插入关键帧"|"位置"命令；在第324帧处，将"元件2"做位移操作，X为-227.65，Y为-131；在第330帧处，右击，从弹出的快捷菜单中选择"插入关键帧"|"位置"命令；在第420帧处，将"元件2"做下移操作，X不变，Y为95；在第440帧处，右击，从弹出的快捷菜单中选择"插入关键帧"|"位置"命令；在第480帧处，将"元件2"做右移操作，X为0，Y不变，如图4-45所示，并在该帧，将"元件2"的Alpha值设为100；在第520帧处，将"元件2"的Alpha值设为0。

图 4-45　第 190、324、420、480 帧处坐标设定

（5）在图层"镜头3"第480帧处插入关键帧，将图形元件"元件3"拖入舞台，在第875帧处

结束；第480帧"元件3"X为-262.7，Y为-382，创建补间动画，将"元件3"的Alpha值设为0；在第520帧处，将"元件3"的Alpha值设为100；在第530帧处，右击，从弹出的快捷菜单中选择"插入关键帧"|"位置"命令；在第630帧处，将"元件3"做下移操作，X不变，Y为50；在第651帧处，右击，从弹出的快捷菜单中选择"插入关键帧"|"位置"命令；在第729帧处，将"元件3"做右移操作，X为-170，Y不变；在第750帧处，右击，从弹出的快捷菜单中选择"插入关键帧"|"位置"命令；在第820帧处，将"元件3"做放大操作，使用"变形"面板，放大130%，并做位移操作，X为-2.60，Y为17.8，如图4-46所示；在第835帧处，将"元件3"的Alpha值设为100；在第480帧处，将"元件3"的Alpha值设为0。

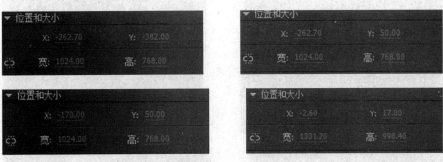

图4-46　第480、630、729、820帧处坐标设定

（6）在图层"镜头4"第835帧处插入关键帧，将图形元件"元件4"拖入舞台，在第1 300帧处结束；第835帧"元件4"X为-384，Y为-377，创建补间动画，将"元件4"的Alpha值设为0；在第875帧处，将"元件4"的Alpha值设为100；在第886帧处，右击，从弹出的快捷菜单中选择"插入关键帧"|"位置"命令；在第950帧处，将"元件4"做右移操作，X为0，Y不变；在第970帧处，选择"插入关键帧"|"位置"命令；在第1 116帧处，将"元件4"做下移操作，X不变，Y为99；在第1 135帧处右击，从弹出的快捷菜单中选择"插入关键帧"|"位置"命令；在第1 238帧处，将"元件4"做左移操作，X为-300，Y不变，如图4-47所示；在第1 261帧处，将"元件4"的Alpha值设为100；在第1 300帧处，将"元件4"的Alpha值设为0。

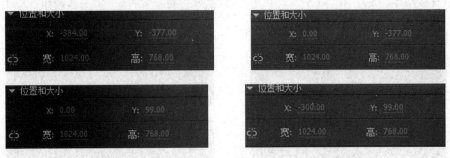

图4-47　第835、950、1 116、1 238帧处坐标设定

（7）在图层"镜头5"第1 261帧处插入关键帧，将图形元件"元件5"拖入舞台，在第1 789帧处结束；在第1 261帧处"元件5"X为0，Y为-401.95，创建补间动画，将"元件5"的Alpha值设为0；在第1 300帧处，将"元件5"的Alpha值设为100；在第1 310帧处右击，从弹出的快捷菜单中选择

"插入关键帧"|"位置"命令；在第1 410帧处，将"元件5"做左移操作，X为–374，Y不变；在第1 510帧处，将"元件5"做下移操作，X不变，Y为70；在第1 541帧处，右击，从弹出的快捷菜单中选择"插入关键帧"|"位置"命令；在第1 620帧处，将"元件5"做右移操作，X为–180，Y不变；在第1 639帧处，将"元件5"做下移操作，X不变，Y为100；在第1 650帧处，右击，从弹出的快捷菜单中选择"插入关键帧"|"位置"命令；在第1 729帧处，将"元件5"做左移操作，X为–373，Y不变，如图4–48所示；在第1 751帧处，将"元件5"的Alpha值设为100；在第1 789帧处，将"元件5"的Alpha值设为0。

图4–48　第1261、1410、1510、1620、1639、1729帧处坐标设定

（8）在图层"镜头6"第1751帧处插入关键帧，将图形元件"元件6"拖入舞台，在第2 058帧处结束；在第1 751帧处"元件6"X为–270.65，Y为–242.9，创建补间动画，将"元件6"的Alpha值设为0；在第1 789帧处，将"元件6"的Alpha值设为100；在第1 805帧处，右击，从弹出的快捷菜单中选择"插入关键帧"|"位置"命令；在第1 910帧处，将"元件6"做下移操作，X不变，Y为60；在第1 930帧处右击，从弹出的快捷菜单中选择"插入关键帧"|"位置"命令；在第2015帧处，将"元件6"做右移操作，X为–40，Y不变；在第2 057帧处，将"元件6"做左移操作，X为–250，Y不变，如图4–49所示。

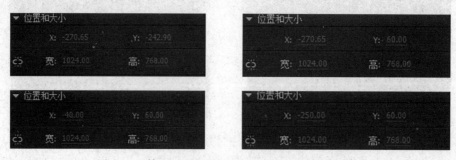

图4–49　第1751、1910、2015、2057帧处坐标设定

（9）新建图层"片头"，新建图形元件"歌曲名"，在图形元件"歌曲名"的第一帧处，使用"文本工具"输入Try to Remember，"属性"设置为"传统文本"，"文本类型"设置为"静态文本"，

"系列"设置为Blackadder ITC,"大小"设置为40磅,"颜色"设置为"黑色"。返回主场景,在图层"片头"的第一帧处将图形元件"歌曲名"拖入舞台,设置"属性"面板中的"位置和大小"的X为188.25,Y为230。在第二帧处右击,在弹出的快捷菜单中选择"插入空白关键帧"命令,在该帧处,将图形元件"歌曲名"再次拖入舞台,设置"属性"面板中"位置和大小"的X为188.25,Y为230,如图4-50所示,并将帧延长到36帧结束。在第2帧和36帧之间右击,在弹出的快捷菜单中选择"创建补间动画"命令,将播放头定位到第2帧,选择图形元件"歌曲名",设置"属性"面板中"色彩效果"下的Alpha值为100;将播放头定位到第36帧,选择图形元件"歌曲名",设置"属性"面板中"色彩效果"下的Alpha值为0。

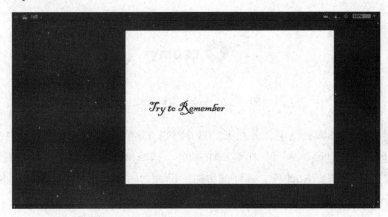

图4-50 歌曲名舞台效果

(10)新建图层"等待开始",在第一帧处右击,在弹出的快捷菜单中选择"动作"命令,在弹出的"动作"面板中输入代码:

```
stop();
```

(11)新建图层"按钮",自行绘制play按钮,如图4-51所示,设定其属性面板实例名称为an1,新建Action图层,选中第1帧,右击,在弹出的快捷菜单中选择"动作"命令,在弹出的窗口中输入代码:

```
an1.addEventListener(MouseEvent.CLICK, fl_ClickToGoToAndStopAtFrame);
function fl_ClickToGoToAndStopAtFrame(event:MouseEvent):void
{
gotoAndPlay(2);
}
```

图4-51 play按钮效果

（12）新建图层replay，在第2 030帧处自行绘制replay按钮，如图4-52所示，设定其属性面板实例名称为an2，选中Action图层的第2 058帧并右击，在弹出的快捷菜单中选择"动作"命令，在弹出的窗口中输入代码：

```
an2.addEventListener(MouseEvent.CLICK, fl_ClickToGoToAndPlayFromFrame);
function fl_ClickToGoToAndPlayFromFrame(event:MouseEvent):void
{
gotoAndPlay(2);
}
```

图4-52　replay按钮效果

（13）将该图层在2 058帧处结束，并在第2 030帧和2 058帧之间的任意一帧处右击，在弹出的快捷菜单中选择"创建补间动画"命令，在第2 030帧处，选择该按钮，设置"属性"面板中"色彩效果"下的Alpha值为0；在第2 050帧处，选择该按钮，设置"属性"面板中"色彩效果"下的Alpha值为100，最终舞台效果如图4-53所示。

图4-53　最终效果

项目总结

通过本项目的学习，使同学们掌握"动作"面板的使用方法，掌握ActionScript 3.0的书写规则和基本语法，学会使用循环语句和条件语句来制作交互式动画，能够通过多种动画效果实现镜头的唯美切换，情景交融，美不胜收，相信大家通过该项目制作，能够掌握动画创作的核心技法与技巧，对MV动画的创作能够触类旁通。

项目 4 MV 制作

项目实训

拓展能力训练项目——儿童歌曲MV制作。

➢项目任务

设计制作少儿歌曲MV。

➢客户要求

以"儿童歌曲"为主题,设计创作MV,曲调欢快,将音乐和画面完美地融合在一起。

➢关键技术

总体确定需要几个画面,每个画面有哪些动作。

每个画面需要哪些图层,每个图层有哪些元素。

哪些元素需要动起来,哪些元素是静态的。

➢参照效果图

友情贺卡的最终制作效果,如图4-54所示。

图4-54 儿童歌曲

项目 5
动画测试与发布

项目导入

在制作动画过程中或将作品发布到网上之前,用户需要测试当前编辑的动画,以便于观察动画效果是否符合自己的思路,是否产生预期的效果。灵犀文化传媒有限公司接到动画测试与发布订单,根据客户需求将动画发布为网页及将动画发布为JPEG图像。相信大家通过该项目的演练,能够对动画测试与发布得心应手。

学习目标

1. 掌握动画测试与发布方法,学生能够将动画发布为网页。
2. 掌握动画测试与发布方法,学生能够将动画发布为JPEG图像。

项目实施

任务一　发布 HTML 网页

任务解析

根据给定的动画,使学生掌握动画的测试与发布命令,最终提交*.HTML网页文件,达到如图5-1所示的网页效果。

图 5-1 "社会公益广告"效果

测试并优化 Flash 作品

在制作动画过程中或将Flash作品发布到网上之前,用户需要测试当前编辑的动画,以便于观察动画效果是否符合自己的思路,是否产生预期的效果。为了保证动画在网络上的播放效果,用户还应随时测试动画的下载性能,并对动画进行有针对性的优化。优化是为了使Flash动画的体积更小,或者为了上传到网上后能较流畅地观看等。

(一)测试Flash作品

测试动画有简单动画的测试、动画中脚本代码的测试和动画下载性能的测试三种情况。

1. 简单动画的测试

对于简单的动画,可使用以下方法测试动画:

选择"控制"|"播放"命令测试动画。

按【Enter】键进行动画测试。

在影片编辑环境下,用户按【Enter】键可以对影片进行简单的测试,但影片中的影片剪辑元件、按钮元件等交互式效果均不能得到测试,而且在影片编辑模式下测试影片得到的动画速度比输出或优化后的影片的速度慢。所以,影片编辑环境不是用户的首选测试环境。

2. 动画中脚本代码的测试

对于动画中的脚本代码,Flash中也提供了几种工具对其进行测试。

调试器:选择"调试"|"调试影片"命令,可以打开当前影片的调试器面板,在该面板中可以显示一个当前加载到Flash Player中的影片剪辑的分层显示列表,并在动画播放时动态地显示和修改变量与属性的值,而且可以使用断点停止影片,同时逐行跟踪动作脚本代码。

"输出"面板:可以显示动画中的错误信息以及变量和对象列表,帮助用户查找错误。

3. 动画下载性能的测试

动画作品制作完毕后,在输出或发布之前,通常要对动画进行测试。选择"控制"|"测试影片"或"测试场景"命令,即可打开动画测试窗口。

（二）优化Flash作品

在导出SWF文件时，Flash会自动进行一些优化。用户也可以自己对动画进行优化处理。在一般情况下，下载和播放Flash动画时，如果速度很慢，而且容易出现停顿现象，就说明Flash动画文件很大，影响动画的点击率。为了减少Flash动画的大小，加快动画的下载速度，在导出动画之前，用户需要对动画文件进行优化。优化操作主要涉及动画、色彩、元素和文本等方面。在导出或发布影片之前，用户可以从以下几个方面对动画文件进行整体优化。

1. 减少文件的大小

对于多次出现的元素，应尽量将其转换为元件。

尽量使用渐变动画，因为渐变动画的关键帧比逐帧动画要少，所以文件容量也较小。

尽量避免位图图像的动画，应将位图作为背景或静态元素。

对于动画序列，要使用影片剪辑而不是图形元件。

限制在每个关键帧中的变化区域，在尽可能小的区域中执行动作。

对于声音文件，应尽可能使用MP3这种数据量较小的格式。

2. 优化元素和线条

尽可能地将元素组合起来。

将在整个过程中变化的元素与不变的元素分放在不同的图层上。

限制使用特殊线条类型的数量，如虚线、点状线、波浪线等，尽量使用实线。因为实线占用的内存较小。使用"铅笔工具"生成的线条比使用"画笔工具"生成的线条所需的内存更少。

选择"修改" | "形状" | "优化"命令。

3. 优化文本和字体

限制字体数量和字体样式，尽量少嵌入字体。对于要嵌入的字体，只选择需要的字符，不要包括所有的字体。

4. 优化颜色

使用混色器使动画的调色板与浏览器调色板相匹配。

在元件的"属性"面板中，使用"颜色"菜单创建一个元件，具有不同颜色属性的多个实例。

尽量少用渐变色，因为渐变填充要比实色填充多占50Byte。

尽量减少透明度（Alpha）的使用，因为它会降低回放速度。

5. 优化动作脚本

在"发布设置"对话框的Flash选项卡中选中"省略trace动作"复选框，从而在发布的影片中将不会有"输出"窗口弹出。

在脚本编程中尽量使用局部变量。

在脚本编程中尽量将经常重复的代码段定义为函数。

任务实施

（1）启动Flash应用程序，打开一个已测试和优化好的Flash动画文件"社会公益广告"。

（2）选择"文件" | "发布设置"命令，在弹出的"发布设置"对话框中选中"HTML包装器"

复选框,设置各选项参数如图5-2所示。

(3)设置好参数后,单击"发布"按钮,即可将该动画发布为HTML网页。

(4)单击"确定"按钮,关闭该对话框。

(5)找到该动画存放的文件夹,可以发现已将该动画发布为HTML网页,如图5-3所示。

(6)用鼠标双击该网页,将其打开,最终效果如图5-1所示。

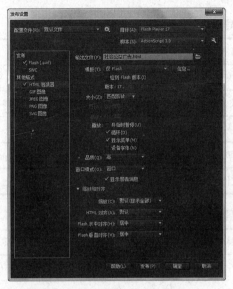

图 5-2 设置 HTML 各项参数

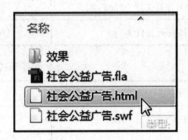

图 5-3 发布为 HTML 网页

任务二　发布 JPEG 图像

任务解析

根据给定的动画,使学生掌握动画的测试与发布命令,最终提交*.JPEG文件,达到如图5-4所示的效果。

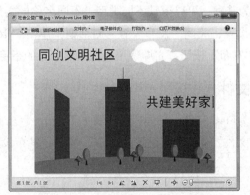

图 5-4 发布"JPEG 图像"效果

一、导出动画及图像格式

Flash允许以多种动画格式和图像格式导出动画，如表5-1和表5-2所示。用户可以根据需要进行选择。

表5-1　允许导出的动画格式

动画格式		
动画格式 Flash 影片（*.swf）	Windows AVI（*.avi）	QuickTime（*.mov）
GIF 动画（*.gif）	WAV 音频（*.wav）	EMF 序列（*.emf）
WMF 序列文件（*.wmf）	EPS 序列文件（*.eps）	Adobe Illustrator 序列文件（*.ai）
DXF 序列文件（*.dxf）	位图文件序列（*.bmp）	JPEG 序列文件（*.jpg）
GIF 序列文件（*.gif）	PNG 序列文件（*.png）	

表5-2　允许导出的图像格式

图像格式		
Flash 影片（*.swf）	增强元文件（*.emf）	AutoCAD DXF（*.dxf）
EPS 3.0（*.eps）	Adobe Illustrator（*.ai）	GIF 图像（*.gif）
位图（*.bmp）	JPEG 图像（*.jpg）	PNG（*.png）
Windows 元文件（*.wmf）	位图文件序列（*.bmp）	JPEG 序列文件（*.jpg）
GIF 序列文件（*.gif）	PNG 序列文件（*.png）	

二、发布设置

选择菜单栏中的"文件"｜"发布设置"命令，弹出"发布设置"对话框，如图5-5所示。在左侧选中各复选框以选择相应的发布类型；在右侧的"输出文件"文本框中为相应的文件类型命名。在发布影片后，以一个影片为基础，可以得到不同类型、不同名称的文件。

单击"确定"按钮保留设置，关闭"发布设置"对话框；单击"取消"按钮不保留设置，关闭"发布设置"对话框；单击"发布"按钮，立即使用当前设置发布的指定格式的文件。

三、发布为 Flash 文件

用户可将Flash动画发布为Flash文件，具体操作步骤如下。

（1）选择菜单栏中的"文件"｜"发布设置"命令，弹出"发布设置"对话框，勾选Flash复选框，如图5-6所示。

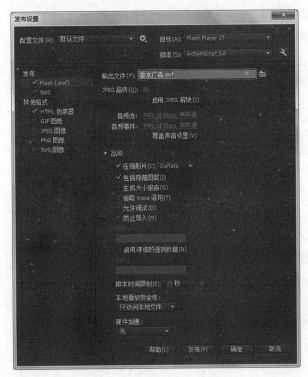

图 5-5 "发布设置"对话框

图 5-6 打开 Flash 选项卡

该选项卡中各选项含义如下。

目标：在该下拉列表中可设置Flash动画的播放器。

脚本：在该下拉列表中可设置动作脚本的版本。

输出文件：为相应的文件类型命名。

JPEG品质：拖动滑块或双击在文本框中直接输入数值调整图像的质量。图像质量越低，生成的文件越小；图像质量越高，生成的文件就越大。

音频流：设置输出流式音频的压缩格式和传输速度。

音频事件：设置输出音频事件的压缩格式和传输速率。

覆盖声音设置：若选中该复选框，则使用"音频流"和"音频事件"中的设置来覆盖Flash文件中的声音设置。

压缩影片：若选中该复选框，将对生成的动画进行压缩以减小文件。

包括隐藏图层：若选中该复选框，将会导出不可见图层。

生成大小报告：若选中该复选框，在发布动画时将生成一个文本文件，该文件对于减小动画文件有指导意义。

省略trace语句：若选中该复选框，将使Flash忽略动画中的Trace语句。

允许调试：若选中该复选框，Flash将允许发布前的调试工作。

防止导入：若选中该复选框，可以防止发布的动画文件被别人下载到Flash程序中进行编辑。

密码：用于输入密码。

（2）设置好参数后，单击"发布"按钮，即可将Flash动画发布为Flash文件。

四、发布为HTML文件

用户可将Flash动画发布为HTML文件，具体操作步骤如下。

（1）选择菜单栏中的"文件"|"发布设置"命令，弹出"发布设置"对话框，选中"HTML包装器"复选框，如图5-7所示。

该选项卡中各选项含义如下。

模板：用于设置要使用的已安装模板，单击"信息"按钮，即可显示选定模板的说明，其默认选项是"仅限Flash"。

大小：用于设置"宽""高"属性值。

播放：用于控制SWF文件的播放和其他功能。选中"开始时暂停"复选框，会一直暂停播放SWF文件，直到用户单击按钮或从快捷菜单中选择"播放"后才开始播放。默

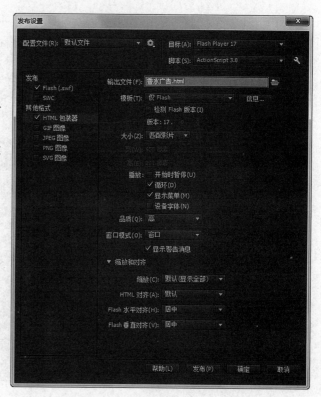

图5-7 打开"HTML包装器"选项卡

认情况下,该选项处于取消选择状态。选中"循环"复选框,Flash动画到达最后一帧将会重复播放。取消选中该复选框,会使Flash动画到达最后一帧后停止播放。选中"显示菜单"复选框,当用户右击或按住【Ctrl】键单击SWF文件时,会显示一个快捷菜单,如果取消选中该复选框,则快捷菜单中只显示"关于Flash"一项。选中"设备字体"复选框,会使用消除锯齿的系统字体替换用户系统上未安装的字体,使用设备字体可使小号字体清晰,并能减小SWF文件的大小。

品质:用于设置HTML网页的外观。

窗口模式:该选项用于控制object和embed标记中HTMLwmode的属性。

缩放和对齐:在该下拉列表中选择"HTML对齐"选项,用于设置Flash动画被输出后在浏览器窗口中的位置;"缩放"选项,用于设置object和embed标记中的缩放参数;"Flash水平对齐参数"及"Flash垂直对齐参数",用于设置object和embed标记中的对齐参数。

(2)设置好参数后,单击"发布"按钮,即可将Flash动画发布为HTML网页。

五、发布为 GIF 文件

GIF是Internet上最流行的图形格式,该格式的动画文件较小,为网页增色不少,用户可将Flash动画发布为GIF文件,具体操作步骤如下。

(1)选择菜单栏中的"文件"|"发布设置"命令,弹出"发布设置"对话框,选中"GIF图像"复选框,如图5-8所示。

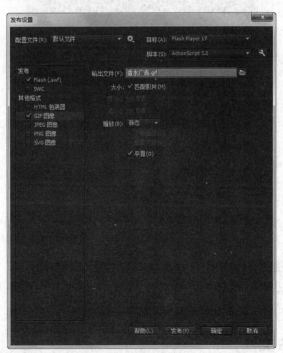

图 5-8 打开 "GIF 图像" 选项卡

该选项卡中各选项含义如下。

大小:设置GIF位图的宽度和高度,以像素为单位。

匹配影片：若选中该复选框，将使"大小"文本框不起作用，并使GIF位图的尺寸与动画的尺寸相同。

播放：设置导出的GIF是静态的还是具有动画效果的。

（2）设置好参数后，单击"发布"按钮，即可将Flash动画发布为GIF文件。

六、发布为JPEG文件

用户可将Flash动画发布为JPEG文件，具体操作步骤如下。

（1）选择菜单栏中的"文件"|"发布设置"命令，弹出"发布设置"对话框，选中"JPEG图像"复选框，如图5-9所示。

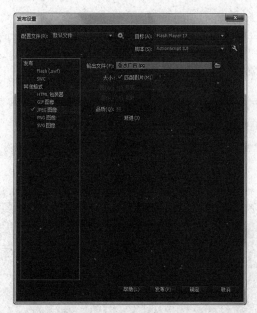

图5-9 打开"JPEG图像"选项卡

该选项卡中各选项含义如下。

大小：设置GIF位图的宽度和高度，以像素为单位。

匹配影片：若选中该复选框，将使"大小"文本框不起作用，并使GIF位图的尺寸与动画的尺寸相同。

品质：该选项用于控制JPEG文件的压缩量，图像品质越低文件越小。选中"渐进"复选框可以在Web浏览器中逐步显示渐进的JPEG图像，因此可在低速网络连接上以较快的速度显示加载的图像。

（2）设置好参数后，单击"发布"按钮，即可将Flash动画发布为JPEG文件。

七、发布为PNG文件

用户可将Flash动画发布为PNG文件，具体操作步骤如下。

（1）选择菜单栏中的"文件"|"发布设置"命令，弹出"发布设置"对话框，选中"PNG图像"复选框，如图5-10所示。

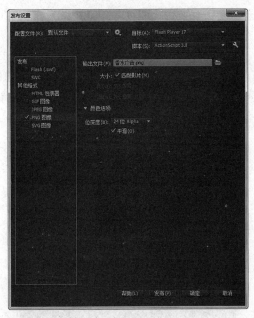

图 5-10 打开"PNG 图像"选项卡

该选项卡中各选项含义如下。

位深度：该选项用于设置创建图像时要使用的每个像素的倍数和颜色数。

（2）设置好参数后，单击"发布"按钮，即可将Flash动画发布为PNG文件。

八、发布为 SVG 文件

用户可将Flash动画发布为SVG文件，具体操作步骤如下。

（1）选择菜单栏中的"文件"｜"发布设置"命令，弹出"发布设置"对话框，选中"SVG图像"复选框，如图5-11所示。

图 5-11 打开"SVG 图像"选项卡

（2）设置好参数后，单击"发布"按钮，即可将Flash动画发布为SVG文件。

任务实施

（1）启动Flash应用程序，打开一个已测试和优化好的Flash动画文件社会公益广告。

（2）选择"文件"|"发布设置"命令，在弹出的"发布设置"对话框中选中"JPEG图像"复选框，设置输出文件名如图5-12所示。

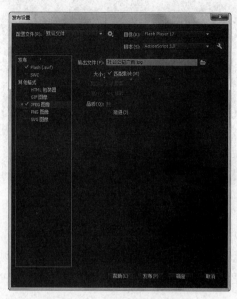

图5-12　设置输出文件名

（3）设置好参数后，单击"发布"按钮，即可将该动画发布为"JPEG图像"。

（4）单击"确定"按钮，关闭该对话框。

（5）找到该动画存放的文件夹，可以发现已将该动画发布为"JPEG图像"，如图5-13所示。

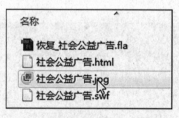

图5-13　发布为"JPEG 图像"

（6）用鼠标双击该文件，将其打开，最终效果如图5-4所示。

项目总结

通过本项目的学习，使同学们掌握动画的测试与发布技巧，包括测试与优化动画、导出动画以及发布动画知识，其中发布动画是重点，它主要通过"发布设置"对话框来实现各种自定义设置。

项目实训

拓展能力训练项目——发布为PNG格式文件。

➢项目任务

以PNG格式进行发布。

➢客户要求

自己制作的动画文件"马赛克效果",以PNG格式进行发布。

➢关键技术

"发布设置"对话框。

发布选项设置。

➢参照效果图

PNG格式的最终制作效果,如图5-14所示。

图5-14 友情贺卡

附 录
项目实训参考

项目1

1. 创建新文件

新建Flash文档，大小为550×400像素，并保存文件，如附图1-1所示。

附图1-1 文档属性

2. 绘制"雪景"

（1）新建"图层1"，使用"刷子工具"在舞台上粗略地勾勒出雪人、房子、树木和路灯的大概位置，如附图1-2所示。

（2）参照"图层1"中绘制的草稿，使用"线条工具"细致地勾画出雪人、房子、树木和路灯的具体结构，如附图1-3所示。

附图1-2 使用"刷子工具"绘图

附图1-3 使用"线条工具"绘图

（3）使用"颜料桶工具"上色，如附图1-4所示。

（4）使用"铅笔工具"画出各部分明暗交界线，如附图1-5所示。

附图1-4　使用"颜料桶工具"上色　　　　　附图1-5　使用"铅笔工具"画出明暗交界线

（5）在暗面上填充较暗的颜色，然后删除明暗交界线，并将背景填充为深蓝色到浅蓝色的线性渐变，如附图1-6所示。

（6）新建图层，使用"刷子工具"添加雪花，如附图1-7所示。

附图1-6　将背景填充渐变色　　　　　　　附图1-7　绘制雪花

3. 输入文字

（1）创建"影片剪辑"元件，并将其命名为"文字"。选中第1帧，输入文字"祝你永远开心快乐"，颜色为"粉色"，如附图1-8所示。选中第20帧，使用"任意变形工具"对文字进行变形，颜色为"黄色"，如附图1-9所示。

祝你永远开心快乐

附图1-8　第1帧中的文字

附图 1-9　第 20 帧中的文字

（2）选中第1帧，右击，从弹出的快捷菜单中选择"创建补间形状"命令。

4. 输入ActionScript语言

选中"脚本"图层的第7帧，右击，从弹出的快捷菜单中选择"动作"命令，在"动作-帧"面板中输入如下语句，如附图1-10所示。

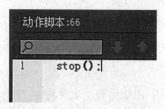

附图 1-10　输入脚本语言

项目 2

1. 新建文件

选择"文件"|"新建"命令，在弹出的"新建文档"对话框中选择ActionScript 3.0，单击"确定"按钮，进入新建文档舞台窗口，如附图2-1所示。在"属性"面板中设置舞台的"大小"为550×300像素，"帧频（FPS）"为24，舞台背景颜色为"白色"，如附图2-2所示。

附图 2-1　新建文档

附图 2-2　设置舞台大小

2. 导入素材

（1）选择"文件"|"导入"|"导入到库"命令，在"\素材\"文件夹中，选择"背景.png"文件，单击下方的"打开"命令，进行导入。

（2）利用同样的方法将同一文件夹中的"人物.png""LOGO.png"两个文件进行导入，现在素材已经全部导入至库中，其效果如附图2-3所示。

（3）在广告中人物和LOGO会有动画效果，因此我们需要首先将素材置入元件，按【Ctrl+F8】组合键，弹出"创建新元件"对话框，创建两个图形元件，分别命名为"人物"、LOGO。将素材"人物.png"置入元件"人物"中，将素材"LOGO.png"置入元件LOGO中。

（4）回到主舞台，在"时间轴"面板上创建"图层2"及"图层3"，将"图层1"改名为"背景"、"图层2"改名为"人物"、"图层3"改名为LOGO，如附图2-4所示。

附图 2-3　导入素材

附图 2-4　创建图层并改名

（5）选择"背景"图层，然后从库中拖动"背景.png"文件到舞台上，这样便将该文件置入了"背景"图层，使用同样的办法将"人物"元件置入"人物"图层、LOGO元件置入LOGO图层。

3. 制作素材动画

（1）首先增加现有三个图层的时间长度，配合【Shift】键将三个图层的第50帧都选中，按键盘上的【F5】键进行增加帧。

（2）利用鼠标单击选择"人物"图层的第一个关键帧，然后在舞台中选择"人物"元件，单击工具箱中的"任意变形工具"，将该素材进行一定程度的放大，其效果如附图2-5所示。

（3）选择"人物"图层的第15帧，按键盘上的【F6】键加入一个关键帧，在这一帧中利用"任意变形工具"，将该素材的大小调整到合适位置，其效果如附图2-6所示。选择第1帧，右击，在弹出的快捷菜单中选择"创建传统补间"命令，人物动画制作完成。

附图 2-5　第 1 帧时的人物大小

附图 2-6　第 15 帧时的人物大小

（4）选择LOGO图层的第15帧，按【F6】键加入一个关键帧，再选择该图层的第30帧，按【F6】键加入关键帧。首先选择在第15帧位置上的关键帧，在舞台上单击选择LOGO素材，此时右侧的"属性"面板中会显示出元件的属性，展开面板中的"色彩效果"选项，如附图2-7所示，在"样式"下拉列表下选择Alpha命令，将滑块调整为0%，如附图2-8所示。

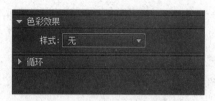 

附图 2-7　选择"色彩效果"选项　　　附图 2-8　调整 Alpha 滑块的数值

（5）选择LOGO图层的第15帧，右击，在弹出的快捷菜单中选择"创建传统补间"命令，LOGO动画制作完成。

4. 制作文字动画

（1）在"时间轴"面板上单击"新建图层"按钮，创建"图层4"，在"图层4"被选择的状态下，选择工具箱中的"文本工具"，在舞台右下方单击，输入文字"震撼来袭"。在"属性"面板中的"字符"选项下，设置"系列"为"方正综艺简体"，"大小"为28磅，"字母间距"为10，"颜色"为"白色"，如附图2-9所示。

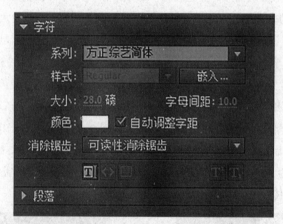

附图 2-9　设置文字属性

（2）在舞台上选择"震撼来袭"4个字，按【Ctrl+B】组合键，将文字分离，如附图2-10所示，分别选择每一个字，按【F8】键将其都转换为元件。在"时间轴"面板中新建4个图层，将4个文字元件分别放置到4个图层中。

附图 2-10　分离文字

（3）按住【Ctrl】键配合鼠标左键将4个文字图层的第30帧和第40帧选中，按【F6】键增加关键帧，选择第30帧，在该关键帧上调整4个字的大小和透明度，效果如附图2-11所示。

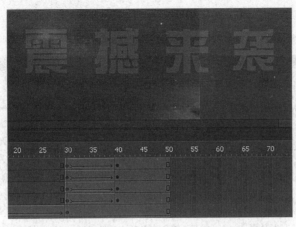

附图2-11　第30帧上4个字的大小及半透明效果

（4）将"撼"、"来"、"袭"三个字的关键帧向后拖动，做出4个字依次出现的效果，其关键帧状态如附图2-12所示。

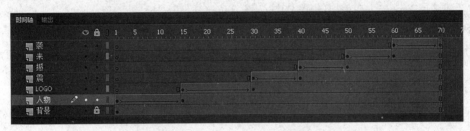

附图2-12　4个文字图层的关键帧状态

（5）按住【Shift】键配合鼠标左键选择所有图层的第100帧，按【F5】键插入帧，增加动画的时长。再次新建图层，将图层名称改为"文字"，选中该图层的第70帧，按【F6】键插入关键帧，选择该关键帧，在舞台上输入文字"10月25日全面公测"，选择文字，在"属性"面板中将"系列"设为"方正综艺简体"，"大小"设为10磅，"字母间距"设为10，"颜色"设为"淡灰色"（#cccccc），效果如附图2-13所示。

附图2-13　文字效果

（6）选中文字"10月25日全面公测"，按【F8】键将其转换为元件，类型为"图形"，在其所在图层的第75帧位置插入关键帧,然后选中第70帧,将文字整体向右移动,并将元件的Alpha滑块设为10%,如附图2-14所示。

附图2-14　第70帧时的文字位置与透明度效果

(7)选中第70帧并右击,在弹出的快捷菜单中选择"创建传统补间"命令,完成文字动画。

(8)新建图层"音乐",将"库"面板中的6.wav拖入舞台窗口中。

(9)新建图层Actions,在该层的第100帧,输入stop( )语句。

5. 测试影片

按【Ctrl+Enter】组合键测试影片,观看"游戏广告"动画效果,最终效果如附图2-1所示。

项目3

1. 创建新文件

新建文件,在"属性"面板中设置大小为763×576像素,背景颜色调整为"白色",帧频为12fps,如附图3-1所示。

2. 导入素材并制作动画

(1)选择"文件"|"导入"|"导入到库"命令,在弹出的"导入到库"对话框中选择全部素材,导入后"库"面板如附图3-2所示。

附图3-1　设置文档属性　　　附图3-2　导入素材后的"库"面板

（2）选择图层1的第210帧，按【F5】键添加帧，如附图3-3所示。在库中找到素材55.jpg，将其拖动到舞台中。在工具箱中找到"任意变形工具"，将图片调整到适合的尺寸，如附图3-4所示。

附图 3-3 添加帧　　　　　　　　　　　附图 3-4 添加"图层1"图片

（3）新建"图层2"，在这层中我们将制作第二张图片的变化。选择第36帧，按【F6】键添加关键帧，如附图3-5所示。打开"库"面板，在其中选择素材图片54.jpg，将其拖动到舞台中央。选择54.jpg，打开"对齐"面板，将素材图片大小调整到符合舞台大小，并绝对居中于舞台，如附图3-6所示。

附图 3-5 添加关键帧　　　　　　　　　附图 3-6 添加"图层2"图片

（4）选择第36帧，右击，在弹出的快捷菜单中选择"创建补间动画"命令。创建补间动画后，"图层2"会变为草绿色，选择第73帧和第110帧创建关键帧。

（5）在"图层2"中选择第36帧中的元件，打开"属性"面板，在"属性"面板中找到"色彩效果"选项组，在"样式"下拉列表中选择Alpha，并将数值调整为0%，如附图3-7所示。添加色彩效果后，舞台中的元件变化为完全透明，如附图3-8所示。选择第110帧，执行与第36帧相同的操作。

附图 3-7 调整色彩效果　　　　　　　　附图 3-8 调整后的效果

（6）按【Ctrl+F8】组合键新建元件，类型为"影片剪辑"。进入元件内部后，在"图层1"第45帧按【F5】键添加帧。新建"图层2"，在第45帧按【F6】键添加关键帧，如附图3-9所示。并在该帧按【F9】键打开"动作"面板，在脚本编辑栏中添加脚本，如附图3-10所示。

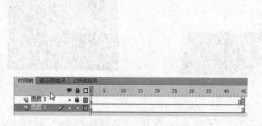

附图 3-9　添加关键帧

附图 3-10　添加脚本语言

（7）使用"矩形工具"，在"图层1"中绘制一个小矩形，颜色不限，如附图3-11所示。

（8）在"图层1"任意帧右击，在弹出的快捷菜单中选择"创建补间动画"命令。然后选择该图层的最后一帧，将这一帧中的矩形元件调整放大到覆盖舞台，如附图3-12所示。

附图 3-11　绘制矩形

附图 3-12　调整放大矩形

（9）制作好矩形元件后，返回"场景1"中新建"图层3"，在第36帧处添加关键帧。将刚刚制作好的元件拖动到舞台上，如附图3-13所示。在这一层中将矩形元件制作为遮罩层，就能得到一个逐渐显现图片的渐变动画了。在该层上右击，在弹出的快捷菜单中选择"遮罩层"命令。转化为遮罩层后，遮罩层和被遮罩层的标志也会随之改变，如附图3-14所示。

附图 3-13　添加矩形遮罩

附图 3-14　转换为遮罩层

（10）新建"图层4"，按【F6】键在第116帧处添加关键帧，如附图3-15所示。在该层添加图片53.jpg，并将图片对齐于舞台，如附图3-16所示。

附图 3-15　添加关键帧

附图 3-16　添加素材图片

（11）新建"图层5"，在第116帧上添加关键帧，使用"矩形工具"在舞台的左边绘制一个细长的矩形，如附图3-17所示。为这个矩形创建补间动画，选择最后一帧中的图形元件，使用"任意变形工具"调整细长矩形变为覆盖整个舞台，如附图3-18所示。

附图 3-17　绘制补间元件

附图 3-18　修改补间动画关键帧内容

（12）在"图层5"上右击，从弹出的快捷菜单中选择"遮罩层"命令。

（13）新建"图层6"，如附图3-19所示。打开"库"面板，将我们导入的素材图像"相框"拖动到舞台上，为整个婚纱展示动画添加一个相框，如附图3-20所示。

附图 3-19　新建图层

附图 3-20　添加相框素材

（14）至此，婚纱展示动画制作圆满完成，按【Ctrl+Enter】组合键测试动画。

项目 4

1. 制作镜头 1

（1）镜头1的基本元素分为3部分：阁楼背景、星空、玩具组，如附图4-1所示。

附图 4-1　镜头 1 效果

（2）新建3个图层："镜头1—阁楼""镜头1—星空""镜头1—玩具组"，同时选择这三个图层的第150帧，插入关键帧，并在第319帧处结束帧。

（3）"镜头1—阁楼"第150帧，将制作好的图形元件"阁楼"拖入舞台，选中该元件，按【Ctrl+K】组合键，调出"对齐"面板，选中"对齐/相对舞台分布"单选按钮，然后单击"水平中齐""垂直中齐"按钮。

（4）"镜头1—星空"第150帧，将制作好的影片剪辑元件"闪烁的月亮""星星1"和"星星2"拖到舞台，并放置在阁楼窗户位置，星星元件随机点缀，如附图4-2所示。

（5）"镜头1—玩具组"第150帧，将制作好的影片剪辑元件"玩具组1"拖入舞台，放置在合适的位置，如附图4-3所示。

附图 4-2　"镜头 1—星空"中元件位置　　附图 4-3　"镜头 1—玩具组"中元件位置

（6）新建2个图层："镜头1—小熊动画"和"镜头1—洋娃娃动画"，同时选中2个图层的第189帧，插入关键帧，分别将影片剪辑元件"镜头1小熊"和"镜头1洋娃娃"分别拖入对应的图层，调整大小，放置在舞台合适位置（尽量和舞台中已有的小熊和洋娃娃重叠），都在第209帧处插入空白关键帧，如附图4-4所示。

附图 4-4　"镜头 1 小熊"和"镜头 1 洋娃娃"元件位置

（7）将"镜头1—玩具组"图层的第189帧转换为空白关键帧，将"玩具组2"拖入舞台合适位置，如附图4-5所示（这里隐藏了"镜头1小熊"和"镜头1洋娃娃"元件，为了突出"玩具组2"元件的位置）。将图层"镜头1—阁楼"和"镜头1—星空"的第189帧转换为关键帧。

附图 4-5　"玩具组 2"元件位置

（8）同时选中"镜头1—小熊动画"和"镜头1—洋娃娃动画"2个图层的第189帧，创建补间动画，同时选中196帧，将2个图层中的2个元件同时向右上方移动，如附图4-6所示（注意：图中隐藏了玩具组，为了突出元件位置变化）。

（9）同时选中"镜头1—小熊动画"和"镜头1—洋娃娃动画"2个图层的第208帧，将2个图层中的2个元件同时向下方移动，并放大150倍，如附图4-7所示。

（10）同时选中"镜头1—阁楼""镜头1—星空"和"镜头1—玩具组"3个图层的第189帧，右击，在弹出的快捷菜单中选择"创建补间动画"命令，同时选中3个图层的第208帧，将3个图层的3个元件同时放大150%，并移动到合适的位置（要注意舞台的边界，不要放到舞台之外），如附图4-7所示。

附图4-6　第196帧元件位置

附图4-7　第208帧元件位置

（11）同时选中"镜头1—小熊动画"图层和"镜头1—洋娃娃动画"图层的第209帧，分别将元件"小熊动画1"和"洋娃娃动画1"拖入对应的图层，放置在舞台合适位置，2个图层都在第319帧结束，镜头1各个图层帧位置如附图4-8所示。

附图4-8　镜头1各图层帧位置

2. 制作镜头2

（1）镜头2基本元素分为3个部分：背景、小熊和洋娃娃，如附图4-9所示。

（2）新建3个图层："镜头2—背景""镜头2—小熊动画""镜头2—洋娃娃动画"，都在第320帧插入关键帧，第424帧处结束。

（3）在"镜头2—背景"图层，使用"矩形工具"绘制背景图形，如附图4-9所示。

（4）在"镜头2—小熊动画"图层，将影片剪辑元件"小熊动画2"拖入舞台，如附图4-9所示。

（5）在"镜头2—洋娃娃动画"图层，将影片剪辑元件"洋娃娃动画2"拖入舞台，如附图4-9所示。

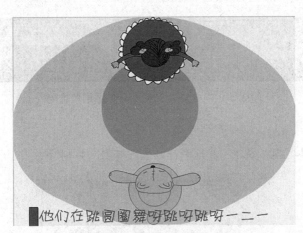

附图 4-9 镜头 2 效果

(6) 镜头2各个图层帧位置如附图4-10所示。

附图 4-10 镜头 2 各图层帧位置

3. 制作镜头3

(1) 新建图层"镜头3—小熊动画",在第425帧处插入关键帧,将影片剪辑元件"小熊动画3"拖到舞台,在第529帧处结束。

(2) 新建图层"镜头3&4背景",在第425帧处插入关键帧,将图形元件"阁楼"拖入舞台,并放大到合适位置,在第639帧处结束,如附图4-11所示。

4. 制作镜头4

(1) 新建图层"镜头4—洋娃娃动画",在第530帧处插入关键帧,将影片剪辑元件"洋娃娃动画3"拖入舞台,在第639帧处结束,如附图4-12所示。

附图 4-11 镜头 3 效果　　　　附图 4-12 镜头 4 效果

(2) 镜头4的背景和镜头3的背景共用同一图层。镜头3和镜头4各个图层帧位置如附图4-13所示。

附图 4-13　镜头 3 和镜头 4 各图层帧位置

5. 制作镜头5

（1）镜头5有3个基本元素：背景、小熊和洋娃娃，如附图4-14所示。

附图 4-14　镜头 5 效果

（2）新建3个图层："镜头5—背景""镜头5—小熊动画"和"镜头5—洋娃娃动画"，都在第640帧处插入关键帧，都在第739帧处结束。

（3）分别将图形元件"阁楼"、影片剪辑元件"小熊动画1"和"洋娃娃动画1"在第640帧处拖入对应图层，并调整到合适位置。镜头5各个图层帧位置如附图4-15所示。

附图 4-15　镜头 5 各图层帧位置

6. 制作镜头6

（1）镜头6基本元素分为4个部分：阁楼、星空、小熊和洋娃娃，如附图4-16所示。

（2）新建5个图层："镜头6—阁楼""镜头6—星空""镜头6—玩具组""镜头6—小熊动画"和"镜头6—洋娃娃动画"，都在第740帧插入关键帧，分别将图形元件"阁楼"、影片剪辑元件"星空""小熊动画4"和"洋娃娃动画4"拖入对应图层，调整到合适位置，如附图4-16所示。

（3）将图层"镜头6—阁楼"和"镜头6—星空"延长到第1274帧处结束。

（4）在图层"镜头6—玩具组"的第740帧处，将图形元件"花""风车""孔雀"和"木马"拖入舞台，并调整大小和位置，在第849帧处结束。

（5）在图层"镜头6—小熊动画"和"镜头6—洋娃娃动画"的第850帧处插入空白关键帧，分别将影片剪辑元件"小熊动画5"和"洋娃娃动画5"拖入对应图层，并调整到合适位置，并延长到第1274帧处结束，如附图4-17所示。

附图 4-16　镜头 6 效果　　　　附图 4-17　镜头 6 的 850 帧处效果

7.制作镜头7

新建图层"镜头7",在第640、740、850帧处分别插入关键帧,在第640帧处将影片剪辑元件"玩具组2"拖入舞台,调整大小放到合适位置,然后在第850帧处将影片剪辑元件"玩具组2"再次拖入舞台,调整大小放到合适的位置,最后在第1274帧处结束。

项目 5

(1)启动Flash应用程序,打开一个已测试和优化好的Flash动画文件"马赛克效果"。

(2)选择"文件"|"发布设置"命令,在弹出的"发布设置"对话框中选中"PNG图像"复选框,设置相关参数,如附图5-1所示。

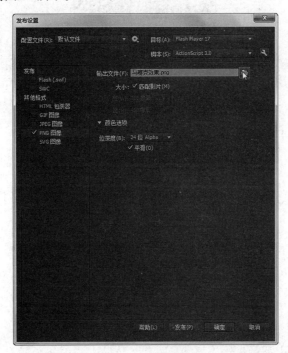

附图 5-1　设置参数

(3)设置好参数后,单击"发布"按钮,即可将该动画发布为"PNG图像"。

(4)单击"确定"按钮,关闭该对话框。

(5)找到该动画存放的文件夹,可以发现已将该动画发布为"PNG图像",如附图5-2所示。

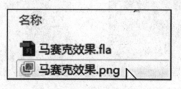

附图 5-2 发布为"PNG 图像"

(6)用鼠标双击该文件,将其打开,最终效果如附图5-3所示。

附图 5-3 发布为"PNG 图像"最终效果

参考文献

[1] 赵更生. Flash CC二维动画设计与制作［M］. 北京：清华大学出版社，2018.
[2] 金景文化. Flash CS6动画设计高手之道［M］. 北京：人民邮电出版社，2013.
[3] 贾勇，孟全国. 完全掌握Flash CS6白金手册［M］. 北京：清华大学出版社，2013.
[4] 吴一珉. Flash CS6动画制作与特效设计200例［M］. 北京：中国青年出版社，2013.
[5] 文杰书院. Flash CS5动画制作基础教程［M］. 北京：清华大学出版社，2012.
[6] 宋晓明. Animate CC 2019动画制作实例教程［M］. 北京：清华大学出版社，2020.
[7] 美国Adobe公司. Adobe Flash CS5中文版经典教程［M］. 陈宗斌，译. 北京：人民邮电出版社，2010.
[8] 于德强. Flash二维动画制作教程［M］. 北京：北京交通大学出版社，2011.
[9] 潘博. Animate CC二维动画设计与制作［M］. 北京：人民邮电出版社，2019.